泰山学院学术著作出版基金资助出版

农业物联网 RFID 技术

张国锋　陈　晓　冯　斌　著

U0279832

机械工业出版社

本书共 9 章,对智慧畜牧中 RFID 的相关知识、关键技术、应用现状进行了详细介绍。第 1 章主要阐述本书的研究背景及意义,论述我国畜牧业现状及智慧化发展趋势,对我国自主安全可信智慧畜牧发展进行展望;第 2 章介绍了智慧畜牧 RFID 相关技术现状;第 3 章对无源植入式芯片架构、数字基带及应用编码方案进行了设计研究;第 4 章研究并提出了一种适用于无源植入式芯片的超轻量级 RFID 双向安全认证协议;第 5 章设计提出了一种基于子帧和效率优先的适用于静态场景的 RFID 高效防碰撞算法;第 6 章设计提出了一种适用于动态场景的 RFID 高效防碰撞算法;第 7 章对设计的芯片应用编码及温度读取方案、安全认证协议、防碰撞算法进行了仿真验证;第 8 章基于无源植入式 RFID 芯片建立了智慧猪舍监控系统;第 9 章对本书取得的研究成果与创新点进行了总结。

本书由浅入深、循序渐进地描述了理论知识及具体应用方法,可作为物联网及相关领域的研究生及学者的参考用书。

图书在版编目(CIP)数据

农业物联网 RFID 技术 / 张国锋等著. —北京:机械工业出版社,2022.11
ISBN 978-7-111-71875-8

Ⅰ. ①农… Ⅱ. ①张… Ⅲ. ①物联网—应用—农业 ②无线电信号—射频—信号识别 Ⅳ. ①S126 ②TN911.23

中国版本图书馆 CIP 数据核字(2022)第 196241 号

机械工业出版社(北京市百万庄大街 22 号 邮政编码 100037)
策划编辑:路乙达 责任编辑:路乙达 聂文君
责任校对:张 征 刘雅娜 封面设计:张 静
责任印制:张 博
北京雁林吉兆印刷有限公司印刷
2023 年 1 月第 1 版第 1 次印刷
184mm×260mm・8.75 印张・200 千字
标准书号:ISBN 978-7-111-71875-8
定价:49.00 元

电话服务 网络服务
客服电话:010-88361066 机 工 官 网:www.cmpbook.com
010-88379833 机 工 官 博:weibo.com/cmp1952
010-68326294 金 书 网:www.golden-book.com
封底无防伪标均为盗版 机工教育服务网:www.cmpedu.com

前　　言

物联网是新一代信息技术的重要组成部分，已经应用在工业、农业、环境、交通、物流、安保等基础设施领域，有效地推动了行业的智能化发展，使得有限的资源得到了更加合理的使用分配，从而提高了行业效率、效益。2021 年 7 月，中国互联网协会发布了《中国互联网发展报告（2021）》，物联网市场规模达 1.7 万亿元，可见其市场潜力巨大。射频识别技术（Radio Frequency Identification，RFID）作为物联网技术的关键技术之一，已经在畜牧养殖行业中得到广泛研究及应用，但如何控制成本、保证安全性、实现高通量识别技术仍是制约其高质量发展的关键问题。

本书的主要内容是研究智慧畜牧 RFID 高效安全技术，包括植入式 RFID 芯片设计技术、高通量 RFID 防碰撞算法、轻量级安全认证协议、畜牧养殖 RFID 编码及应用等，全书共分为 9 章。

第 1 章农业物联网与智慧畜牧：主要阐述本书的研究背景及意义，论述我国畜牧业现状及智慧化发展趋势，从破解产业发展瓶颈、规范畜牧行业健康发展、解决智慧畜牧核心技术"卡脖子"隐忧、打造智慧畜牧云平台和安全可信的智慧畜牧区块链平台五个方面，对我国自主安全可信智慧畜牧发展进行展望。

第 2 章智慧畜牧 RFID 技术：对智慧畜牧 RFID 技术、基于 RFID 的智慧畜牧系统、无源植入式 RFID 芯片进行分析研究，重点对可注射式应答器、RFID 集成温度传感器、RFID 安全认证协议、RFID 防碰撞算法的研究现状进行了综述分析。

第 3 章无源植入式 RFID 芯片架构及数字基带：对无源植入式芯片架构及数字基带进行设计研究，重点对与集成温度传感器相关的数字基带功能与接口、芯片应用编码及温度读取方案、安全认证协议、防碰撞算法进行研究，以实现"一畜一码"的芯片应用为目标，对芯片应用编码方案进行研究设计。

第 4 章超轻量级 RFID 双向安全认证协议：主要针对 UHF RFID 技术在农业物联网系统中兼顾成本与安全的认证协议进行研究，重点研究并提出了一种适用于无源植入式芯片的超轻量级 RFID 双向安全认证协议，并讨论分析了超轻量级计算、协议模型、安全性、抗攻击性等。同时，从通信成本、存储成本和计算成本三个方面，与相关同类协议进行了对比分析。

第 5 章面向静态场景的 RFID 高效防碰撞算法：以无源植入式芯片在静态场景下的快速识别为研究对象，分析研究了静态防碰撞算法模型、低计算成本芯片数量估计模型、动态自适应帧长调整策略，设计提出了一种基于子帧和效率优先的防碰撞算法，并采用 MATLAB 软件进行了仿真验证。

第 6 章面向动态场景的 RFID 高效防碰撞算法：以无源植入式芯片在动态场景下的快速识别为研究对象，对动态场景下的芯片数量估计模型、到达率模型、系统效率模型进行研究，基于 DFSA 算法优化设计了帧结构、识别过程、指令结构及帧长划分策略，设计提出了一种适用于动态场景的高效防碰撞算法，并采用 MATLAB 软件进行了仿真验证。

第 7 章 RFID 防碰撞算法 RTL 级仿真验证：对设计的芯片应用编码及温度读取方案、安全认证协议、防碰撞算法采用硬件描述语言 Verilog HDL 进行行为级建模，并用 ModelSim 仿真软件进行了仿真验证，验证了算法在数字集成电路 RTL 级的正确性。

第 8 章基于无源植入式 RFID 芯片的智慧畜牧典型案例：将无源植入式 RFID 芯片应用于猪只体温及饮水行为监测，建立了智慧猪舍监控系统。同时，设计了系统的实验方案，对实验结果进行了详细介绍。

第 9 章结论与展望：对本书取得的研究成果与创新点进行了总结，并展望了未来研究问题及方向。

张国锋编写了本书的第 3~8 章，陈晓编写了本书的第 1、2 章，冯斌编写了本书的第 9 章，陈晓与冯斌对本书内容进行了全面整理和校对。本书内容主要是作者近年来在国内外同行理论研究的基础上获得的一些新的研究进展，可作为物联网及相关领域研究生及学者的参考用书。本书的出版列为"泰山学院学术著作出版基金资助"项目，同时得到了山东省自然科学基金项目"许可链中共享数据的隐私保护及访问控制机制研究（项目批准号：ZR2021QF056）"、山东省重点研发计划（软科学项目）（项目批准号：2021RKL02002）、泰山学院引进人才科研启动项目"基于区块链的可信农业物联网系统研究及示范（项目批准号：Y-01-2020017）"的资助。

在本书撰写过程中，得到了国内很多学者的支持和帮助，特别是科学技术部火炬高技术产业开发中心贾敬敦主任、中国农业大学高万林教授、中国科学院半导体研究所肖宛昂研究员等，他们对各项技术、研究内容、实验方案等都给予了热情指导和帮助，提出了宝贵的建设性意见，在此深表感谢。另外，书中参考了很多文献资料及经典算法，在此对算法的提出者及文献资料的原作者表示深深的感谢。山东省数据安全与隐私保护青年创新团队负责人、泰山学院各级领导对本书的出版给予了很大的支持和鼓励，在此表示衷心的感谢。最后，要感谢我的家人们，你们为家庭全方位的付出，才使我有精力全身心地投入到本书的撰写中。你们辛苦了！

由于作者研究水平有限，掌握知识存在局限性，本书中难免有错误或不足之处，恳请读者朋友多提宝贵意见，共同探讨物联网技术、RFID 技术在智慧农业、智慧畜牧中的应用。

张国锋

目　录

前言

第1章　农业物联网与智慧畜牧…………1
1.1　研究背景及意义 ……………… 1
1.2　我国畜牧业现状及智慧化发展趋势 …… 2
　1.2.1　智慧畜牧核心技术 …………… 2
　1.2.2　智慧畜牧现状及趋势 ………… 3
　1.2.3　智慧畜牧概念 ………………… 4
1.3　自主安全可信智慧畜牧展望 …… 4
　1.3.1　加强新型畜牧业智能装备研发，
　　　　破解产业发展瓶颈 …………… 4
　1.3.2　制定智慧畜牧行业标准，规范
　　　　畜牧行业健康发展 …………… 5
　1.3.3　研制畜牧专用芯片，解决智慧
　　　　畜牧核心技术"卡脖子"隐忧 …… 5
　1.3.4　"云+端"，打造立体智慧畜牧云
　　　　平台 ……………………… 5
　1.3.5　自主可控发展，打造安全可信智慧
　　　　畜牧区块链平台 …………… 5
1.4　小结 ……………………… 6

第2章　智慧畜牧 RFID 技术 …………7
2.1　智慧畜牧 RFID 技术概述 …… 7
2.2　基于 RFID 的智慧畜牧系统 …… 7
2.3　无源植入式 RFID 芯片 ……… 8
2.4　无源植入式芯片技术研究现状 … 8
　2.4.1　可注射式应答器 …………… 8
　2.4.2　RFID 集成温度传感器 ……… 10
　2.4.3　RFID 安全认证协议 ……… 12
　2.4.4　RFID 防碰撞算法 ………… 13
2.5　小结 ……………………… 14

**第3章　无源植入式 RFID 芯片架构及
　　　　数字基带** ……………… 15
3.1　芯片架构研究 ……………… 15

　3.1.1　芯片整体架构 …………… 15
　3.1.2　芯片功能模块 …………… 16
3.2　芯片数字基带设计 ………… 18
　3.2.1　芯片数字基带架构及功能 … 18
　3.2.2　芯片应用编码及温度读取方案 … 21
　3.2.3　芯片安全认证协议 ……… 22
　3.2.4　芯片防碰撞算法 ………… 22
3.3　芯片参考技术标准分析 …… 23
　3.3.1　UHF RFID 空中接口标准 …… 23
　3.3.2　动物射频识别—代码结构标准 …… 25
　3.3.3　农业农村部畜禽标识和养殖档案
　　　　管理办法 ……………… 27
3.4　芯片应用编码方案研究与设计 …… 27
　3.4.1　基于畜禽标识的国家动物代码
　　　　可行性分析 …………… 28
　3.4.2　基于 GB/T 标准的芯片应用编码
　　　　扩展性分析 …………… 28
　3.4.3　芯片应用编码优化方案设计 …… 29
3.5　小结 ……………………… 30

**第4章　超轻量级 RFID 双向安全认证
　　　　协议** ………………… 31
4.1　引言 ……………………… 31
4.2　超轻量级计算及协议安全性分析 …… 31
　4.2.1　超轻量级计算 …………… 31
　4.2.2　IoT-UMAP 协议分析 …… 33
4.3　协议模型研究与设计 ……… 37
　4.3.1　协议设计理念 …………… 38
　4.3.2　模型定义 ……………… 38
　4.3.3　超轻量级双向安全认证协议设计 … 38
4.4　协议安全性及性能评价 …… 40
　4.4.1　安全性能评价 …………… 40
　4.4.2　抗攻击性能评价 ………… 41

V

4.4.3 通信性能评价 …………… 42

4.4.4 存储性能评价 …………… 43

4.4.5 计算性能评价 …………… 43

4.5 小结 ………………………… 44

第 5 章 面向静态场景的 RFID 高效防碰撞算法 …………… 45

5.1 引言 ………………………… 45

5.2 算法基础模型研究 ………… 45

5.2.1 标准 Q 防碰撞算法 …… 45

5.2.2 帧长调整策略 ………… 46

5.2.3 芯片数量估计模型 …… 46

5.2.4 时间效率和系统效率模型 … 48

5.3 静态高效防碰撞算法设计 … 49

5.3.1 算法设计思想 ………… 49

5.3.2 低计算成本芯片数量估计模型 … 49

5.3.3 动态自适应帧长调整策略 … 50

5.3.4 基于子帧和效率优先的防碰撞算法 …………………… 52

5.4 仿真实验及讨论分析 ……… 54

5.4.1 最优帧长仿真分析 …… 54

5.4.2 算法性能仿真分析 …… 58

5.5 小结 ………………………… 61

第 6 章 面向动态场景的 RFID 高效防碰撞算法 …………… 62

6.1 引言 ………………………… 62

6.2 算法基础理论及动态场景模型设计 …………………… 62

6.2.1 基础理论分析研究 …… 63

6.2.2 芯片动态到达过程模型 … 65

6.2.3 通信时序模型 ………… 66

6.2.4 芯片动态识别过程模型 … 67

6.2.5 芯片到达率模型 ……… 69

6.3 动态场景防碰撞算法设计 … 70

6.3.1 算法设计思想 ………… 70

6.3.2 帧结构和过程优化 …… 71

6.3.3 指令结构优化 ………… 71

6.3.4 帧过程划分策略设计 … 72

6.3.5 动态场景 DFSA 算法 … 73

6.4 仿真实验及讨论分析 ……… 75

6.4.1 识别等待时间 ………… 76

6.4.2 漏读率 ………………… 77

6.4.3 识别速度 ……………… 78

6.4.4 系统效率 ……………… 79

6.4.5 指令传输策略对比 …… 80

6.5 小结 ………………………… 81

第 7 章 RFID 防碰撞算法 RTL 级仿真验证 ……………… 82

7.1 RFID 应用编码及温度读取 RTL 仿真 …………………… 82

7.1.1 RTL 代码设计 ………… 82

7.1.2 RTL 仿真验证 ………… 85

7.2 RFID 安全认证协议 RTL 仿真 … 86

7.2.1 RTL 代码设计 ………… 87

7.2.2 RTL 仿真验证 ………… 90

7.3 RFID 防碰撞算法 RTL 仿真 … 91

7.3.1 RFID 静态防碰撞算法 RTL 代码设计 ……………… 92

7.3.2 RFID 静态防碰撞算法 RTL 仿真验证 ……………… 94

7.3.3 RFID 动态防碰撞算法 RTL 代码设计 ……………… 96

7.3.4 RFID 动态防碰撞算法 RTL 仿真验证 ……………… 98

7.4 RFID 芯片应答过程 FPGA 验证 … 100

7.4.1 实验环境与方案 ……… 100

7.4.2 工程编译及综合 ……… 101

7.4.3 实验结果 ……………… 102

7.5 小结 ……………………… 104

第 8 章 基于无源植入式 RFID 芯片的智慧畜牧典型案例 …… 105

8.1 牲畜健康监测研究 ………… 105

8.1.1 体温监测 ……………… 105

8.1.2 饮水监测 ……………… 105

8.2 基于无源植入式 RFID 芯片的猪体温及饮水监测系统 …… 106

8.2.1 系统整体设计 ·················· 106

8.2.2 系统硬件方案 ·················· 107

8.2.3 系统安装与实现 ·············· 108

8.3 系统测试与验证 ··············110

8.3.1 试验材料与方案 ··············110

8.3.2 体温及饮水监测试验 ·············111

8.3.3 芯片植入深度试验 ·············113

8.3.4 体温变化监测试验 ···············113

8.3.5 饮水行为监测试验 ·················114

8.4 小结 ··········· 115

第9章 结论与展望 ··········· 116

9.1 结论 ··········· 116

9.2 创新点 ··········· 116

9.3 展望 ··········· 117

参考文献 ··········· 118

第1章　农业物联网与智慧畜牧

1.1　研究背景及意义

2021 年 7 月，中国互联网协会发布了《中国互联网发展报告（2021）》，物联网市场规模达 1.7 万亿元，可见其市场潜力巨大。射频识别技术（Radio Frequency Identification，RFID）作为物联网技术的关键技术之一，已经在畜牧养殖行业中得到广泛研究及应用，但成本、安全性、高通量识别技术仍是制约其高质量发展的关键问题。

2020 年，中央一号文件《中共中央 国务院关于抓好"三农"领域重点工作确保如期实现全面小康的意见》[1]明确指出：要加强动物防疫体系建设、抓好疫病防控，严格执行非洲猪瘟疫情报告制度和防控措施，加强对中小散养户的防疫服务；同时，注重加强农业关键核心技术攻关，抢占科技制高点。畜牧业的健康发展，需要依赖以信息技术、智能技术为支撑的智慧畜牧提供新的解决方案。信息技术支撑下的畜牧养殖为保障充足优质畜禽产品供应做出了重大贡献。然而，重大畜禽疫病依然是制约畜牧养殖健康发展的重要瓶颈，人畜共患疫病对人类健康构成了严重威胁。在《国家中长期动物疫病防治规划（2012－2020 年）》[2]中明确规定优先防治 16 种国内动物疫病和重点防范 13 种外来动物疫病。因此，加强动物疫病监控防疫，对于促进畜牧业可持续发展、保障居民食品安全和身体健康都具有重要意义。

科学合理地预防和诊断是疫病防控不可缺少的重要环节[3]，畜禽疫病的防治遵循"以防为主"的原则。体温是反映畜禽健康状况的重要指标[4]，发病前的征兆以发烧为主，即体温升高[5]。但是，发烧并不是某种独立疾病的特有症状，而是许多疾病，尤其是传染病和炎症性疾病发作过程中常伴发的全身性临床症状[6]，临床上主要通过检查体温及观察体温的动态变化来诊断疾病。因此，如何及时、准确地监测畜禽体温变化成为疾病早期诊断的关键问题。

近年来世界范围内的食品安全事件频发，各国对农产品和食品的质量安全保障体系高度重视。消费者要吃得安全和健康，就需要保证农产品的质量安全。农产品安全是维系人们生命与健康的重要因素，建立安全、可信任的农产品追溯系统，是保证人民健康的重要前提。因此，政府或农业监管机构需要加速对农产品质量安全追溯体系的建设，加强对农产品质量安全的监管[7]。

当前，畜禽养殖主要以规模化、自动化生产为主，养殖场中管理人员少、畜禽单位密集度高、现场信息化设施部署难度大，导致无法实现"一畜一码"的精准管理，要实现对畜禽个体的精准管理和健康监测，必须采用部署更为方便、识别速度更快、高通量的自动化技术方案。

1.2　我国畜牧业现状及智慧化发展趋势

我国是畜牧业大国，畜牧总量常年位居世界前列，其发展在国民经济中占有极其重要的地位。畜牧业是农业的重要组成部分。畜牧业从家庭副业逐步成长为农业农村经济的支柱产业，已经形成了比较充足的生产能力和比较完善的质量安全保障体系。农业农村部在《2018 年畜牧业工作要点》中指出，推动畜牧业在农业中率先实现现代化，是畜牧业助力"农业强"的重大责任。 根据前瞻产业研究院《2018—2023 年中国畜牧业市场前瞻与投资战略规划分析报告》显示，2013 年全国畜牧业总产值为 28436 亿元，2016 年达到 31703 亿元，首次突破 3 万亿元，该年涨幅为 6.46%，也达到了近年来的最大值。2017 年全国畜牧业总产值超过 3.2 万亿，占农业总产值比例接近 30%，带动上下游相关产业产值也在 3 万亿元以上。随着未来我国对农业现代化的支持，畜牧业现代化水平的不断提高，畜牧业生产效率的不断提升，畜牧行业总产值将恢复增长，在 2024 年将超过 3.2 万亿元[8]。

畜牧业的主要特点是集中化、规模化，并以营利为生产目的，根据《全国生猪生产发展规划（2016—2020 年）》，中国年出栏 500 头肉猪以上规模养殖比重由 2010 年的 38%，上升至 2014 年的 42%。因此，中小散户依然是养殖的重要力量。然而因为中小型养殖散户的环保意识薄弱、防疫能力欠缺、资金与污染处理设备缺乏，导致畜禽粪便未经处理私自排放，环境危害严重。同时，"非洲猪瘟"为代表的传染性疾病依然缺乏有效的监管及防治措施，截至 2018 年 11 月，"非洲猪瘟"已经造成生猪养殖直接经济损失超 8 亿元，间接损失尚无法估计[9]。由此可见，畜牧产业的健康发展，需要依赖以信息技术、智能技术为支撑的智慧畜牧提供新的解决方案，突破畜禽养殖核心关键技术，实现环境保护、畜禽健康养殖、畜牧产业的可持续发展。

1.2.1　智慧畜牧核心技术

以物联网、云计算、大数据、人工智能为代表的新一轮信息技术革命推动粗放式传统畜牧养殖向知识型、技术型、现代化的智慧畜牧养殖转变，充分利用信息技术优势已成为驱动畜牧业快速发展的重要因素。

1. 物联网智能感知技术

畜牧业物联网是由大量传感器节点构成的监控网络，通过各种信息传感设备实时采集畜禽个体生长状况、养殖环境等相关信息，利用无线传感网络、局域网和广域网可以实现数据的异构、实时在线数据传送，为智慧畜牧提供了丰富的数据资源，为开展智能化分析奠定了基础。

2. 云计算与大数据技术

云计算与大数据技术是畜牧数据智能化分析的重要手段。畜牧数据具有多源、异构、跨平台、跨系统的典型大数据特征，传统的技术手段处理这类数据非常困难，独立分散的养殖户更是无法提供相应的算力。云计算技术为畜牧大数据处理提供了有力支撑，核心技术包括基于多模态特征的知识表示和建模、面向领域的深度知识发现与预测、特定领域特征普适机理凝练的知识融合等[10]。

3. 人工智能技术

人工智能技术已成为新一轮畜牧产业变革的核心驱动力。人工智能包含机器视觉、语音识别、虚拟现实、可穿戴设备等多项核心技术，可以多方位融入和应用到畜牧生产与管理过程中，改造传统饲养管理方式，提高生产管理效率，减少人力成本。

4. RFID 技术

射频识别技术（Radio Frequency Identification，RFID）作为智慧畜牧物联网的核心技术之一，已在我国畜禽身份标识中取得了长足发展，不仅可以集成在耳标、项圈中，更有研究者探索微型的植入式 RFID 芯片，以期通过更加快捷的手段实时获取畜禽的身份信息。虽然以上技术取得了较大的研究进展，但在畜牧养殖业中仍然存在维护成本高、操作复杂等现实推广问题，导致目前并未大规模应用。因此，研发更为廉价、操作更方便的新一代智能化个体身份标识技术将是未来的趋势。

5. 区块链技术

区块链技术凭借不可篡改和公开透明的技术特性，构建食品安全追溯平台，可以增强商品信息透明度和消费者信心，获得消费者信任，从而进一步健全食品安全治理生态体系。在追溯应用的场景中，将区块链技术应用于食品安全治理最为普遍和典型。区块链技术未来将作为关键技术之一，用于保障智慧畜牧业的安全、健康发展。

1.2.2　智慧畜牧现状及趋势

1. 养殖环境监测技术进展迅速，智能化调控策略有待进一步提升

合理利用科学技术手段对畜禽养殖环境进行有效监管，是智慧养殖的首要要求。以生猪养殖为例，国内外大量的科学实验和生产实践表明，环境因素对生猪生产的影响占比达到了 20%～30%[11]，涉及对温度、湿度、光环境、氨气及硫化氢等多方面的监测。随着传感器、移动通信和物联网技术的发展，通过传感器获得环境参数，将之传输到云端，并在手机、PDA、计算机等信息终端进行显示，已成为规模化、标准化养殖场普遍采用的信息化管理手段。获取的大量监测数据如何科学有效地加以利用，如何进一步指导畜牧生产，是当前亟待解决的突出问题。以猪舍、立体式鸡舍为代表的圈舍类养殖环境具有多变量共存、结构复杂、密集程度高等特点，为建立精确的调控分析模型带来了诸多困难，国内已有专家学者取得了一定进展，但如何提高模型的泛化性和鲁棒性是在实际应用中面临的关键挑战。

2. 畜禽也有"身份证"，现代身份标识技术助力全生命周期管理

个体身份标识是现代畜牧业发展的共性问题，是实现行为监测、精准饲喂、疫病防控、食品溯源的前提，是实现畜禽智能化生产的必然要求。在传统畜牧业养殖模式中，常见畜禽标识技术手段包括喷号、剪耳、耳标、项圈等。随着人工智能技术的发展，面部识别、虹膜识别、姿态识别等生物识别技术已经开始向畜牧业延伸，为智慧畜牧的发展注入了新的能量，使得生物个体健康档案的建立和生命状态的跟踪预警变得更加智能。

3. 面向个体的精准饲喂技术前景广阔

精准饲喂主要面向猪、牛、羊等中大型牲畜的精准化养殖，主要包括饲喂站、自动称重、自动分群、饲料余量监测等设施仪器。智能化精确饲喂技术将营养知识与养殖技术相结合，通过科学运算方法，根据牲畜个体生理信息准确计算精饲料需求量，通过指令调动饲喂器来进行饲料的投喂，从而实现根据个体体况进行个性化定时定量精准饲喂，动态满足牲畜不同阶段营养需求[12]。该类技术是基于牲畜的个体识别、多维数据分析、智能化控制的集成应用，虽然饲养设备的建设成本相对较高，但经济效益显著，在中大型智慧养殖中具有广阔的应用前景。

4. 动物福利及行为监测刚刚起步

动物福利关乎动物的健康养殖和畜牧业安全生产，也直接影响畜产品的品质，间接影响着人类的食品安全。例如，智能监测技术已经用于放牧绵羊福利研究中，包括音频分析、视觉检测、行为监测、行为特征识别、卫星定位和无人机巡航等关键技术。准确高效地监测畜禽个体行为，有利于分析其生理、健康和福利状况，是实现自动化健康养殖和肉品溯源的基础[13]。但是，目前我国畜牧养殖主要以产量提高为重，而对动物福利和高品质安全生产的重视仍有待提高，对于福利化养殖技术及评价体系尚处于研究阶段。

5. 以畜牧安全为核心的智能化技术需求紧迫

随着畜牧养殖模式和生态环境的改变以及世界经济一体化进程的加快，与畜牧业发展息息相关的动物疫病流行态势已发生了显著变化，从最初影响动物健康、损害畜牧业健康发展，逐步扩大到畜产品质量安全、公共卫生安全、环境安全以及国际贸易、社会稳定等多方面，特别是重大动物疫病已对全球社会经济和公共卫生安全造成严重威胁。现阶段，互联网、云计算、大数据等关键技术已经被用于疫病的远程诊断，出现了多种远程智能诊疗系统，可实现远程诊疗、图片影像诊断、疾控信息发布、产品追溯等功能[14]。然而，目前专业的动物疾病防治技术人员缺乏、畜牧兽医科研与生产无法及时对接等问题依然突出，且如何能够将事后监管转变为事前预警也是亟待解决的突出问题。

1.2.3 智慧畜牧概念

智慧畜牧的概念尚不统一，但本书与主流观点一致，指充分利用物联网、大数据、云计算、人工智能等信息化手段，将 RFID、传感器、无线传感网、智能化设备应用于畜牧业养殖全过程，实现动物防疫、动物检疫、畜产品安全监测、畜禽屠宰管理、动物疫情应急指挥等环节的自动化、智能化管理，最终实现畜牧养殖业的智能感知、分析、决策、预警，让养殖业更智能、更规范、更高效。

1.3 自主安全可信智慧畜牧展望

1.3.1 加强新型畜牧业智能装备研发，破解产业发展瓶颈

智慧畜牧的前提是自动化和信息化，在继续优化养殖数据采集和信息处理能力的同

时，面对智慧畜牧业发展中遇到的各种瓶颈问题，需要进一步加大新型高端智能装备研发力度，加强集成创新养殖场智能感知控制系统、畜禽健康监测系统、养殖机器人、畜产品收割加工机器人、自动化粪污处理系统等高端智能装备产品，推动智慧畜牧实现跨越式发展。

1.3.2　制定智慧畜牧行业标准，规范畜牧行业健康发展

经过信息化的不断发展，基于各种架构和技术的畜牧养殖物联网、数据中心相继建立，在解决信息化的同时，也导致各类系统之间无法实现数据共享，系统重复建设、信息孤岛问题突出，难以实现数据共享和挖掘畜牧数据的潜在价值。标准可以引领技术进步、数据规范，规范畜牧行业健康发展。

1.3.3　研制畜牧专用芯片，解决智慧畜牧核心技术"卡脖子"隐忧

以植入式 RFID 芯片、畜牧专用处理器等的研发为核心，研制动物体温监测及环境温湿度、光照度、特殊气体监测用传感器，攻克低功耗植入式体温监测传感芯片，实现畜牧养殖环境监测典型传感器的国产化替代，解决智慧畜牧核心技术"卡脖子"隐忧，为牲畜健康监测提供智能化手段。

1.3.4　"云+端"，打造立体智慧畜牧云平台

基于自主芯片、人工智能、物联网、云计算、大数据、移动互联网等关键技术，在已有数据分析模型基础上，研究建立疾病预警、科学饲喂、产量预测等大数据分析模型，打造"云+端"的立体智慧畜牧云平台，全面推进智慧畜牧升级发展。平台至少应该实现以下功能：

1）通过自主芯片及智能终端，实现对动物个体身份识别及体征信息的自动获取。

2）利用人工智能技术，实现对畜禽个体外在行为的实时监测、疫病早期诊断与智能分析预警。

3）借助移动互联网打通全产业链信息流、打破地域限制，实现"云+端"的一体化智能处理。

4）软硬件系统具有完全自主知识产权。

1.3.5　自主可控发展，打造安全可信智慧畜牧区块链平台

从消费者、政府监管机构、农产品供应链参与者三种角度，探讨研究安全可信的农产品追溯系统逻辑架构、数据隐私保护、数据共享与监管，研究建设自主可控的智慧畜牧区块链平台，为消费者提供安全可信的农产品追溯服务，为政府监管机构提供灵活高效准确的监管服务，保护农产品供应链参与者的数据安全及隐私安全。最终建设一个多

主体积极参与、数据安全可信、高效灵活监管的农产品追溯系统。

1.4　小结

应用物联网、云计算、大数据、人工智能、区块链等技术的智慧畜牧系统是畜牧业的发展趋势，而基于国产自主研发的芯片为智慧畜牧系统提供底层技术和安全保障，区块链技术提供了全民可信、安全透明的智慧畜牧信任基础。

第 2 章　智慧畜牧 RFID 技术

2.1　智慧畜牧 RFID 技术概述

　　RFID 作为现代畜牧的一项重要技术[15]，已应用于畜牧业的疾病控制和库存管理[16]，基于 RFID 的项圈、耳标和可注射式应答器已被用于动物的身份标识[17]，集成有传感器的 RFID 芯片同时可以监控周围环境信息[18]。例如，采用可注射式温度应答器[19]测量动物的体温，以 RFID 技术为基础的牲畜管理系统可以实现牲畜精准管理、饲养员和兽医共享信息。然而，畜牧业中的 RFID 应用依然存在很多问题，例如，RFID 产品应用编码混乱、无法真正实现"一畜一码"精准管理；RFID 数据难以共享、容易造假；RFID 项圈的成本高、不适用于所有畜禽养殖；RFID 耳标掉标率高；可注射式应答器采用低频（Low Frequency，LF）RFID 技术，存在通信距离短、体温自动化采集难度大、生产效率低等问题。这些现存问题，极大地限制了 RFID 技术在畜牧养殖及重大疫病防治中的进一步应用。

　　超高频（Ultra High Frequency，UHF）RFID 技术具有无须电源、识别速度快、通信距离远等优点，研究将 UHF RFID 芯片与温度传感器集成，并最终封装成与可注射式应答器形状类似的无源植入式芯片，该芯片具有唯一编码并可植入畜禽体内，实现对畜禽个体进行"一畜一码"精准管理，更重要的是，该芯片可以实现畜禽个体身份编码与体温的快速识别、自动测量、数据绑定读取，从而为解决上述问题提供了新的方案。

2.2　基于 RFID 的智慧畜牧系统

　　基于 RFID 的智慧畜牧系统由标签、阅读器和后台服务器[20]三部分组成，标签与阅读器间在空气中通过共享的无线信道实现双向通信，阅读器与后台服务器相连，通过有线或无线的方式与服务器中数据库进行标签匹配。一般而言，畜禽养殖环境包括集中式圈舍和户外开放环境，集中式圈舍环境相对可控，户外开放环境更加复杂、可控性更差。

　　从信息安全的角度来看，攻击者可以对无线信道实施窃听、冒名、重放、篡改等攻击，从而破坏芯片数据的完整性、隐私性。攻击者更容易潜伏在养殖环境下，利用非法阅读器或标签实施攻击，从而非法获取或篡改芯片数据。

　　从系统处理效率的角度来看，当阅读器询问区域中多个标签同时响应时，射频信号将会发生通信冲突，将导致无法识别任何标签，称为 RFID 碰撞[21]，从而降低了 RFID 系统效率。例如，由于养殖场中畜禽密集度高，并且畜禽具有群体运动行为，因此，在抢食、出/入栏等场景中畜禽密度很高并且畜禽个体处于运动状态，例如，抢食时的香猪密度达到每平方米 20 头以上、鸽子等鸟类的密度达到每平方米 100 只以上。显然，盘点或监测携带有 RFID 产品的多个畜禽时也会发生上述碰撞，进而影响 RFID 系统的识别速度及生产效率。

由此可知，将无源植入式芯片应用于畜禽养殖必须加强对 RFID 设备的合法性认证，以保障系统安全和数据安全；同时要研究合适的 RFID 防碰撞算法，以保证多个畜禽个体的快速识别，提高系统处理效率。

2.3 无源植入式 RFID 芯片

由于 RFID 集成电路芯片可以封装为多种形态，并且在不同系统或研究中有不同名称及表述，如 RFID 标签、应答器、耳标、项圈、芯片等，但所有 RFID 产品公共核心部分均为 RFID 集成电路芯片（简称 RFID 芯片），其技术原理相同或类似，为了更简洁地表述及避免产生混淆，除具有特殊含义的名称外，本书后续将相同含义的产品统一表述为 RFID 芯片。

无源植入式芯片的设计涉及芯片架构、数字基带、芯片应用编码、协议算法等多个方面，现有研究成果并不完全适用于畜禽养殖需要的无源植入式芯片。要想解决上述问题，必须对无源植入式芯片的芯片架构、数字基带、芯片应用编码、安全认证及防碰撞算法开展研究，最终的产品应该包括以下功能：

1）该芯片采用可以集成温度传感器的 UHF RFID 芯片架构及数字基带，实现符合畜禽养殖管理需求的芯片应用编码，同时实现畜禽"一畜一码"身份标识及体温数据的绑定读取。

2）采用低成本的双向安全认证协议，以保障 RFID 系统安全，降低 RFID 芯片的功耗。

3）采用合适的 RFID 高效防碰撞算法满足不同应用场景的快速识别需求，实现畜禽养殖中畜禽芯片的快速识别。

以上研究将为无源植入式芯片的后续设计研究奠定基础，为实现畜牧精准健康养殖、高效安全生产、重大畜禽疫情防控等提供技术支撑。

2.4 无源植入式芯片技术研究现状

本节主要对无源植入式芯片设计相关的可注射式应答器、RFID 集成温度传感器、安全认证协议及防碰撞算法四个方面的国内外研究现状进行综述分析。

2.4.1 可注射式应答器

可注射式应答器（Injectable Transponders）是国外的常见称谓，在国内更多被称为宠物芯片、动物植入式芯片、植入式芯片、植入式标签、皮下注射式电子标签等。采用的技术标准包括 ISO 11784 标准[22]和 ISO 11785 标准[23]，该类芯片工作频段为 134.2kHz，最大识别距离为 5cm 左右，可读写 1000000 次，数据保存年限大于 20 年，芯片具有全球唯一序列号，不可复制，确保全球唯一编码。一般采用抗过敏的生物玻璃封装为不同尺寸的胶囊状，使用时采用注射器即可完成植入体内的操作，操作简便、无须额外手术。国际动物编码委员会（International Committee-For Animal Recording，ICAR）会定期更新通过认证的该类产品信息，如图 2-1 所示[24]。目前，国内外 RFID 厂商均有产品销售，如动物玻璃管电子标签[25]、瑞佰创集团的植入式标签[26]、洛阳莱普生信息科技有限公司的动物皮下植入式电子标签[27]。我国公安部于 2006 年发布《关于全面开展警犬芯片植入工作的通知》，要求对新出生警犬植入芯片进行管理，中国工作犬管理协会在 2018 年发布了《芯片植入管理规定》[28]，利用植入芯片实现对犬籍的管理。2004 年，美国食品及药物管理局（FDA）发布用于患者识别和健康信息的植入式射频转发器系统[29]，已经允许医疗用途的 RFID 芯片植入人体。整体来看，本类产品只具有唯一身份标识功能，无法实现对体温的测量，主要用于特殊领域的动物身份识别管理，如宠物、实验动物、名贵或珍稀动物管理等。

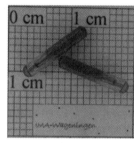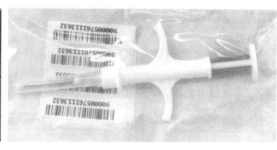

图 2-1　可注射式应答器及注射器

　　为了扩展可注射式应答器的功能，实现对植入动物的体温测量，已经有产品将传感器集成在该类芯片中，实现动物身份和体温的一体化识别测量。该种产品与上述无温度测量功能产品在形态、使用方式等方面完全相同。目前，市面上的产品主要有以下四种：第一种是 HomeAgain TempScan 芯片，工作频段 125kHz，兼容的阅读器包括HomeScan[30]和 Universal Worldscan Reader Plus[31]；第二种是 LifeChip with Bio-Thermo 985 microchips[32]，尺寸为 2.12mm×13mm，兼容 ISO 11784 和 ISO 11785 标准，工作频段为134kHz，兼容的读写器有三种：手持式 SURE 阅读器[33]、DTR5 Portable Stick 阅读器[34]和GPR+global pocket 阅读器[35]，手持式 SURE 阅读器的最大通信距离为 95mm，温度读取范围为 33～43℃，温度不在阅读范围内时以"*"代替；第三种是 IPTT-300 芯片[36]，测温范围为 32～43℃，尺寸为 2mm×14mm，配套的阅读器包括 DAS 8001、DAS 8010、DAS 8020 和手持式 DAS 8007[37]；第四种是可编程温度微芯片 UCT-2112[38]，该芯片的测温范围是 25～50℃，精度为 0.1℃，尺寸为 2.1mm×13mm，工作频段为 134kHz，配套阅读器包括 URH-1HP Handheld Reader[39]，URH-300HP High Power Reader[40]和 UBS-200 Base Station[41]。以上四种芯片都是国外的产品，前三种产品已经用于猕猴体温的测量研究[42]。同时，国内也有相关研究和产品，例如，无锡富华[43]、洛阳莱普生信息科技有限公司的 LI002 测温玻璃管注射式标签[44]。

　　上述产品虽然具备温度感知功能，但是工作频段主要为低频段（125kHz 或 134.2kHz），通信距离很短，如 SURE 阅读器的最大距离只有 95mm。显然，这限制了该类芯片在畜禽自动化养殖中的应用，目前主要应用于实验室动物和宠物的管理。同时，上述产品价格昂贵，如 UCT-2112 单只芯片的价格为 9.9 美元，而配套最便宜阅读器每台价格为 1150 美元，对于以实验或特殊动物监管领域而言尚可接受，但是无法满足畜禽养殖的低成本要求，因此，低成本、国产化同类产品仍值得研究。

现有主流的可注射式应答器为低频 RFID 芯片，主要采用的是国际技术标准 ISO 11784：1996 *Radio frequency identification of animals-Code Structure*[22]（以下简称 ISO 11784 标准）和 ISO 11785：1996 *Radio frequency identification of animals-Technical concept*[23]（以下简称 ISO 11785 标准）。其中，ISO 11785 标准对 RFID 技术参数进行了定义说明，规定了动物射频识别中阅读器与芯片之间双向通信的技术要求，如通信方式（支持全双工和半双工）、调制方式、编码（改进的差分双向编码/非归零编码）等。但是，该类 RFID 技术标准的识读速率很低，如全双工通信下的位速率仅为 4194bps，并且通信距离太近，无法满足畜牧养殖领域的畜禽自动化管理需要。

2.4.2 RFID 集成温度传感器

近年来，物联网技术的发展极大地促进了 RFID 的功能扩展。融合了 RFID 技术的新型传感器是将 RFID 技术应用于无线传感器网络[45]和物联网系统[46]的桥梁。在物联网系统中，温度是反映环境、商品和生命体征等的重要指标。1988 年，MiddelHoek 等人首次提出将温度传感技术与 RFID 技术集成[47]。目前，微电子技术和射频/微波电路集成技术的发展，使得 UHF RFID 技术应用于人类健康监测、食品监测、环境监测等领域取得重要研究进展。将普通的 UHF RFID 标签升级为 UHF RFID 传感标签的技术方案主要有两种：一种是将传统标签的天线用一种对周围环境的物理特性敏感的材料代替[48-51]，该种技术需要特殊的新材料及天线设计技术；另一种是基于集成电路设计与集成技术将传感器单元与 RFID 芯片电路直接集成于一体，该种技术得到广泛的研究[52-68]，例如，中国科学院[57]、西安电子科技大学[55,59,69]、天津大学[70]、复旦微电子集团[67]等研究机构也开展了大量研究。

表 2-1 对上述主要研究成果的工作频段、工作模式、空中接口标准、测温范围和精度、识别距离等指标进行了对比分析。由分析可知，集成温度传感器的 UHF RFID 在空气中的最大读写距离分别达到 10m 和 6m，测温范围最低、最高值分别为−40℃和 125℃，最小误差为±0.1℃。显然，集成温度传感器的 UHF RFID 产品基本可以满足不同应用场景的应用需求。例如，食品质量控制温度范围要求为−10～30℃，动物或人的体温要求在 37℃左右[53]。当然，上述研究或产品都为传统 RFID 标签的形态，无法植入物体的内部。当 UHF RFID 产品植入物体内部后，受到水分及其他环境的影响，导致射频信号衰减，从而缩短识别距离，因此，需要对 UHF RFID 的射频模拟前端电路和天线进行设计优化，以提高信号接收性能。目前，已有研究将 UHF RFID 与水分传感器进行集成用于混凝土水分含量的测量，将集成芯片埋入深度 8cm 的混凝土中，可以实现 0.52m 的通信距离[71]。为了测试 UHF RFID 芯片在植入体内的识别距离，本书研究中将采用恩智浦 UCODE 8 芯片[72]封装后的普通 PCB 天线标签（尺寸约为 9mm×3mm），利用双手紧握在手心模拟植入体内的情况（深度约 3cm），采用 UHF RFID 阅读器在射频功率 1W 下可以实现 0.52m

的识别通信。显然，上述实验结果充分说明 UHF RFID 产品在植入物体内部后存在信号衰减，但相对于 LF RFID 产品而言，仍具有更长的识别距离。为了增加 UHF RFID 产品的识别距离，可以通过增大阅读器射频功率、优化设计天线的极化方向、馈线长度、天线增益等来进一步增加通信距离。因此，研究将 UHF RFID 与温度传感器集成，适用于畜禽养殖的植入式芯片具有技术可行性。

表 2-1　UHF RFID 集成温度传感器研究的性能对比

工　作	工作频段 /MHz	工作模式	空中接口标准	测温范围和 精度/℃	识别距离/m
Qi Zengwei[55]	860~960	被动	EPC C1G2	−40.00~85.00/ −1.50~1.50	6.00
Yu Shuang-Ming[57]	860~960	被动/半被动	EPC C1G2	−20.00~50.00/ −1.00~0.80	9.50（读）/ 6.00（写）
Serma[58]	860~960	被动	EPC C1G2	−20.00~30.00/ −1.00~1.00 30.00~50.00/ −1.75~1.75	—
刘伟峰[59]	915	被动	—	−40.00~55.00/ −2.00~2.00	7.50
AMS[60]	860~960	被动/半被动	EPC C1G2/ EPC C3G2	−29.00~58.00/ −0.50~0.50	—
FARSENS[61]	860~960	被动	EPC C1G2/ ISO 18000—6C	−30.00~85.00/ −2.00~2.00	2.00
CAENRFID[62]	860~928	半被动	EPC C1G2/ ISO 18000—6C	−30.00~70.00/ −0.10~0.10	10.00
CAENRFID[63]	860~928	半被动	EPC C1G2/ ISO 18000—6C	−20.00~70.00/ −0.50~0.50	10.00
SMARTRAC-GROUP[64]	860~960	被动	EPC C1G2/ ISO 18000—6C	−40.00~85.00/—	—
gaorfid[65]	860~928	半被动	EPC C1G2/ ISO 18000—6C	−30.00~70.00/ −0.10~0.10	10.00
MICROSENSYS[66]	860~960	被动	EPC C1G2/ ISO 18000—6C	−20.00~125.00/ −40.00~65.00/	0.50
复旦微电子集团[67]	840~960	主动/被动	EPC C1G2/ ISO 18000—6C	−35.00~50.00/ —	—

11

尽管 RFID 与温度传感器的集成研究取得了一定成功，作为芯片主控制器的 RFID 数字基带也进行了功能扩展，但是，现有研究并未针对该类芯片的具体应用设计，相关研究的芯片架构、应用编码、温度读取等技术方案各不相同或未明确说明，这极大地限制了该项技术的研究及应用。因此，基于上述研究成果，对集成芯片的架构、数字基带、芯片应用编码方案等开展研究，对于促进无源植入式芯片整体设计将具有重要意义。

2.4.3　RFID 安全认证协议

安全认证协议用于确认通信双方的身份，只有认证通过才可以进行互相通信，对于保障 RFID 系统安全具有重要意义，得到广泛的研究[73-80]。RFID 的安全认证由采用的安全认证协议完成，包括单向认证和双向认证两种方式。单向认证包括阅读器对 RFID 芯片的认证和 RFID 芯片对阅读器的认证两种，而双向认证则同时实现上述两个单向认证。被动 RFID 系统安全认证协议由阅读器驱动协议运行，根据采用计算类型的计算复杂度，可以将安全认证协议分为四类[81]：一是传统协议[82]，可以采用经典的加解密算法计算完成，如对称加密、单向散列函数、公钥加密算法等，因为计算成本大也被称为重量级协议；二是简单协议[83-85]，采用椭圆曲线密码、随机数发生器和单向散列函数等实现相互认证；三是轻量级协议[86]，需要随机数生成器和简单的函数，如循环冗余码（Cyclic Redundancy Check，CRC）校验，但不需要单向散列函数；四是超轻量级协议[81,87-89]，仅需要简单按位计算，例如，模 2 加（+）、或（OR）、与（AND）、异或（XOR）、旋转（Rot）、MixBits 等计算。

由于超轻量级协议的计算成本最小、协议的设计与实现更为简单，更适合于低成本的物联网应用。针对超轻量级安全认证协议存在去同步攻击，认证及完整性较弱的问题，提出了一种新的 SASI 协议[81]，该协议引入了新的超轻量级计算左旋转 Rot(x, y)。Rot(x, y)计算有两种版本，一个是汉明权重旋转版本 Rot(x, y) = x << wt(y) ，其中，wt(y) 表示 y 对应的汉明权重，即 y 消息对应二进制数中比特为 1 的数量[90]；另一个是模旋转版本 Rot(x, y) = x << (wt(y) mod L)，其中 L 表示消息 x 的长度[91]。尽管 SASI 协议最先采用此计算，但在 SASI 协议的研究中并未明确说明，在对 SASI 协议后续研究中[90]，确认 SASI 协议采用此汉明权重旋转版本，该协议可以提供强认证和强完整性，非常适合于低成本的 RFID 芯片[87]。但是，被动攻击者可以通过多次监听认证会话来破解芯片的隐私 ID 信息位，从而导致隐私泄露问题，并用于发起跟踪攻击[91]。受到 SASI 协议的启发，同时为了避免 SASI 协议的漏洞，Gossamer 协议[87]被提出，但是 Rot 计算采用的模旋转版本。为了提高消息的新鲜性和协议的安全性，该协议设计了一种计算简单的 MixBits 计算，该计算是用遗传规划方法进化极轻计算数的组成，从而获得高度非线性函数，只用到了比特右移和加法计算，可以用于抵抗代数攻击[92]。同时，Gossamer 协议首次采用了双旋转 Rot(Rot)计算，提高了协议的安全性，但导致协议的性能不高[87,88]。为了满足物联网系统中 RFID 芯片和阅读器之间双向认证的低成本要求，一种适用于物联网设备的新型超轻量级 RFID 双向认证协议被提出，本书称为 IoT-UMAP 协议[88]，该协议同样只采用了超轻量级的位计算，计算成本更低。

由以上分析可知，传统协议主要应用于安全性要求严格、对成本不敏感的系统中，如电子护照。但对于物联网系统中的 RFID 芯片而言，其成本、存储和计算性能十分受限，采用超轻量级协议实现阅读器与 RFID 芯片的双向认证更具实际意义，已经得到广泛的研究与应用，但是其安全性仍存在漏洞。因此，本书仍将重点对 RFID 的超轻量级双向安全认证协议进行研究。

2.4.4　RFID 防碰撞算法

多个 RFID 同时应答阅读器会导致碰撞的发生，避免或降低碰撞的算法称为 RFID 防碰撞算法。对 UHF RFID 系统而言，能够快速识别多个芯片的防碰撞算法在 RFID 技术中占有重要地位，并得到了广泛的研究[73,93-118]。主流的 RFID 防碰撞算法可分为基于树的算法、基于 ALOHA 的算法[96,100, 100,119,120]和混合算法[121]。其中，混合算法综合了基于树和 ALOHA 算法的特点。例如，文献[121]提出了一种基于改进碰撞检测的混合芯片防碰撞协议，该协议利用位跟踪技术和双前缀匹配来仲裁碰撞，以消除空闲时隙。文献[122]提出了一种基于连续时隙状态检测的树型快速分割算法，通过 FS 机制和收缩机制分别减少碰撞和空闲时隙。尽管它们的性能更好，但是混合算法增加了阅读器和芯片设计的复杂性和成本[121]，因此，并不适用于低成本的物联网设备。

基于树的算法也得到广泛的研究关注。例如，一种基于树的 Q-ary 搜索防碰撞算法采用芯片 ID 位编码机制，实现了多位碰撞仲裁[119]。在查询树的基础上，提出了一种新的算法，该算法利用碰撞位生成短的、临时的新 ID，并基于新 ID 进行后续的识别，以降低能量消耗[123]。该算法假设所有芯片同时响应，并将芯片的真实 ID 返回给阅读器。阅读器根据接收到的真实 ID 检测碰撞位，并通知所有芯片生成一个短的临时新 ID。但是，当 ID 全部碰撞时，新 ID 与真实 ID 相同，从而导致性能下降。但是，由于阅读器和芯片之间的距离、芯片电路和延迟等都不同，因此芯片同时响应是不可能的[124]。此外，该算法要求芯片具有与真实 ID 长度相同的寄存器，并记录碰撞比特信息，从而增加了生产成本和复杂性，并且该算法与现有标准不兼容。当芯片 ID 较长时，基于树的算法可能会导致许多碰撞时隙，从而导致较大的识别延迟[121]。

相比之下，基于 ALOHA 的算法，特别是典型的动态帧时隙 ALOHA（Dynamic Frame Slotted ALOHA，DFSA）算法，由于其简单、快速而得到了广泛的应用，它们被 EPC G2 标准采用[101,125]。帧时隙 ALOHA（Frame Slotted ALOHA，FSA）算法由于其简单和高效而被优先采用[122]，在识别过程中使用固定的帧长[126]，但是，由于帧长不能及时调整，当连续发生碰撞时，系统效率将显著降低。为了克服 FSA 算法的缺点，提出了 DFSA 算法[127,128]。最大的改进是根据当前帧的识别结果，将下一帧的帧长快速调整到最优值，从而获得更佳的系统效率。该类型算法的研究集中在芯片响应在时间轴上的最优分布[129]。EPC G2 标准使用 Q 算法来解决芯片碰撞问题[125]，也属于 DFSA 算法。基于 Q 算法的性能提升研究已经取得了很大进展[97,98,100,102]。然而，这些算法主要是在准确估计芯片数量的基础上实现逐帧优化，以提高系统效率，但是算法的计算复杂度较高[97]，并且帧长调整不够灵活。为了提高算法的性能，利用碰撞时隙的非碰撞比特信息，提出了一种基于成功时隙和碰撞时隙同时识别芯片的算法[124]，但该算法不能解决三个以上芯片的碰撞问题，只能解决两个芯片的碰撞问题。基于能量感知的帧调整策略算法也可以提高芯片能量效率[126]。因为算法计算导致的能量消耗越来越重要，在新的算法设计中应予以重点关注。为了降低计算复杂度，提出了低成本的芯片估计模型[97]。此外，预先存储表[101,102]用于存储不同帧长的所有估计结果，通过用查找表代替复杂的计算，降低了计算

13

成本，但同时也增加了存储成本。为了降低计算成本，最优帧长检查点策略[98,99]和子帧策略[101-103]也用于动态调整帧长，但是，该算法的子帧策略需要新的指令，导致算法通用性差[102]，仍可以进行继续优化。

整体来看，当芯片数量较大时，基于树的算法效率较低[130]，与基于 ALOHA 的算法相比，等待时间过长[131]；基于随机概率的 ALOHA 算法[130,132]，随机为标签分配指定的时隙进行应答，算法的设计与实现更为简单，更适用于低成本的芯片应用。同时，伴随着 ISO/IEC 18000—63[133]和 EPC G2 标准的广泛应用，该类算法更值得研究。因此，为满足畜禽养殖管理的低成本要求，本书将重点研究基于 ALOHA 的防碰撞算法。

2.5 小结

RFID 技术作为物联网技术的核心关键技术之一，在智慧畜牧中扮演着重要角色。依托多种多样的 RFID 产品，可以实现生物资产的健康监测、个体身份标识、精准管理。但是，如何提高芯片核心技术安全、成本和效能是制约 RFID 在智慧畜牧应用的关键。本书将对 RFID 芯片设计、安全协议、防碰撞算法等关键技术进行深入研究。

第 3 章 无源植入式 RFID 芯片架构及数字基带

市场研究公司 Markets and Markets 最新报告显示，全球温度传感器市场规模预计将从 2021 年的 59 亿美元增长到 2028 年的 80 亿美元，从 2021 年到 2028 年的复合年增长率（CAGR）为 4.5%[134]。CMOS（Complementary Metal Oxide Semiconductor，互补金属氧化物半导体）工艺的应用使得传感器智能化加速发展，片上智能 CMOS 温度传感器在现代热管理系统中已被广泛采用[135]。

可集成于射频标签的新型传感器是将 RFID 技术融合到无线传感器网络的桥梁，温度是衡量当前环境、物品、生命体征的重要指标，将温度传感技术与 RFID 技术融合成为最具吸引力的物联网传感技术研究方向[136]，最早研究可以追溯至 1988 年，Middelhoek 第一次提出将温度传感器与 RFID 集成在一起[137]，将温度传感器与 UHF RFID 标签集成已经成为 RFID 技术发展的必然趋势。

为了满足畜牧养殖中对动物体温监管"一畜一码、快速识别、体温遥测"的具体需求，无源植入式芯片需要集成 UHF RFID 和温度传感器两种技术，相对于传统的 UHF RFID 芯片而言，其芯片架构、数字基带电路的功能及接口更加复杂，对芯片的功能及性能要求更为严格。本章将重点对无源植入式芯片的整体架构、数字基带架构及功能扩展进行设计研究。

3.1 芯片架构研究

在 ISO/IEC 18000—63/64 标准中，对 UHF RFID 接入简单传感器进行了扩展，如支持温度、相对湿度、撞击、倾斜等传感器，该类传感器不允许用户进行自定义编程[133]，但是在 ISO/IEC 18000—63 标准中，可以同时支持简单传感器和全功能传感器，并且全功能传感器支持用户一次性或多次自定义编程。目前，一些 RFID 与温度传感器技术集成已经取得了相关研究成果，并提出了不同的技术架构[53,55,57,138]。

3.1.1 芯片整体架构

一般来说，RFID 与温度传感器集成后的芯片主要包括：天线、射频模拟前端、数字基带、非易失性存储器、温度传感器等部分。其中，温度传感器根据与 RFID 芯片是否集成在一起，又可分为片内和片外两种实现方式。典型的集成芯片整体架构如图 3-1 所示。

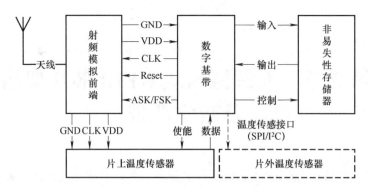

图 3-1　典型的集成芯片整体架构

3.1.2　芯片功能模块

　　芯片天线对集成芯片的性能有着重要的影响。根据材料和生产工艺，天线分为两种：一种是片内天线或片上天线，与电路芯片在同一硅衬底上；另一种是封装的天线，不作为同一硅基片上的电路芯片，而是封装在同一个外壳中。其中，片内天线性能受面积、CMOS 工艺和材料、信号干扰、硅互连线金属尺寸、高介电常数和低电阻硅衬底的影响。为了降低天线的性能影响，研究提出了多端口微带贴片天线[139]，其中一个端口用于能量收集的多层薄膜太阳能电池，另一个端口分配给贴片天线以补充从阅读器发送的射频信号。类似地，两个天线分工协作[140-142]，一个连接到 RFID 芯片以接收或发送来自阅读器的数据，另一个用于射频信号能量收集，为传感器和微控制器单元的数字电路供电。为了避免设计两个天线的需要，也有研究提出了一种圆极化贴片天线[143]。对于无源植入式芯片而言，片上天线可以降低芯片的面积，使得芯片更容易封装。

　　射频模拟前端将射频载波转换成直流电源，为其他模块产生参考电压和信号。它由几个整流电路、解调电路、反向散射调制电路、参考电路、调节电路、时钟电路和复位电路组成[55,138]，负责通过电磁场与阅读器进行通信交互。

　　非易失存储器用于存储芯片信息和温度数据，常见的有带电可擦可编程只读存储器（Electrically Erasable Programmable Read Only Memory, EEPROM）[144,145]、铁电 RAM（Ferroelectric Random Access Memory, FeRAM）[146]和改进的平面 EEPROM[147]。FeRAM 在写入速度和功耗方面具有优势[146]，但它有数据易丢失的缺点。更重要的是，它需要特殊的工艺，导致比其他工艺更加昂贵[147]。改进后的平面 EEPROM 工作在较低的电压下，从而降低了写入功耗，但面积是传统 EEPROM 的两倍。同时，由于支持的厂商较少，设计风险更高。相对而言，EEPROM 以其低廉的成本、成熟的技术和众多厂商的支持，成为超高频射频识别芯片设计主流的存储器类型[148]。

　　数字基带主要实现通信协议、加解密、编解码、防碰撞算法和运行控制[149]。数字解调器检测并解调来自射频模拟前端的信号[53,55]。操作指令和参数可以通过有限状态机捕获和处理，并根据通信协议控制与阅读器的通信流。与普通的 RFID 芯片相比，无源植入式芯片的数字基带需要增加对温度传感器的通信与控制，实现温度数据的转换校准后，将芯片应用编码和温度数据返回给射频模拟前端。

　　温度传感器主要包括片上和片外两种，片外温度传感器可以通过传感接口实现与

16

RFID 芯片的分立式集成封装。RFID 芯片主要通过传感器接口扩展，可以集成温度、湿度、压力、加速度等多种传感器[150]。因此，RFID 可以更容易地集成到传感器网络和其他物联网应用中。如图 3-1 所示，串行外围接口（Serial Peripheral Interface，SPI）总线[58]和内部集成电路（Inter-Integrated Circuit，I²C）总线[57,142,151,152]是公共接口，可以大大扩展 RFID 的功能，并且已经取得成功应用。例如，AMS/SL900A 为访问外部传感器提供了一个易于使用的接口[60]，FEIX-VROTEX-P25H 支持外部访问温度和压力传感器[61]，A927Zet 具有片内和片外温度传感单元，并支持设置阈值以实现精确控制[62]。片上温度传感器直接与 RFID 芯片集成在一起，直接由数字基带完成与温度传感器的控制及通信。片外温度传感器主要是为了特殊功能的扩展，对于无源植入式芯片而言，能实现对温度的测量即可，因此，本书建议采用片上温度传感器的架构，以降低芯片的功耗、面积，保证芯片的稳定性。同时，片上温度传感器也具有不同的技术架构，需要对各种技术方案的面积、功耗、精度等进行研究分析。

　　虽然在 ISO/IEC 18000—63 标准中对集成传感器进行了扩展支持，但其目的是反映该芯片当前所处环境是否超过设定参数，支持的温度传感器最高精度为 0.50℃，无法满足畜禽体温的健康监测需求。同时，集成温度传感器会增加额外功耗，将对无源植入式芯片的通信距离产生影响，甚至导致温度数据无法有效测量。因此，集成温度传感器的架构和低功耗技术，也是无源植入式芯片研究的关键技术，有必要设计专用的温度传感器，目前针对畜禽体温监测的温度传感器已经有相关研究成果[153]。

　　CMOS 工艺具有集成度高、成本低、功耗低、与标准数字工艺兼容、芯片面积小等优点。集成更多的信号传感已经成为智能传感器的主流技术[154]。基于 CMOS 工艺的集成温度传感器架构可分为三类：基于双极结型晶体管（Bipolar Junction Transistor, BJT）和模数转换器的模拟数字转换温度的架构（Analog to Digital Converter, ADC）[155-157]、基于传输时延的温度数字转换温度的架构（Time to Digital Converter, TDC）[56,158]和基于环形振荡器和频率到数字转换温度的架构（Frequency to Digital Converter, FDC）[53,159-161]，如图 3-2所示。

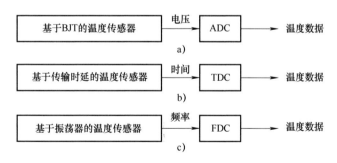

图 3-2　三种常见的集成温度传感器架构

a）基于 ADC 的架构　b）基于 TDC 的架构　c）基于 FDC 的架构

　　ADC 结构包括 Sigma Delta ADC、逐次逼近 ADC（Successive Approximation Register, SAR ADC）、由 SAR ADC 和 Sigma Delta ADC 组成的变焦 ADC。这种结构具有测量精度高、测量范围宽的优点，但也存在结构复杂、功耗高[162]和转换率低等缺点，如 ADC 模

17

块将消耗 80% 的总功耗[54]。TDC 结构通常产生两个电压信号：与绝对温度成正比（Proportional To Absolute Temperature, PTAT）和与绝对温度成反比（Complementary To Absolute Temperature, CTAT）[52,56,155-157]。利用 PTAT 和 CTAT 延迟形成差分结构，通过消除脉冲信号的偏移量，可以获得良好的脉冲信号，并转换成温度数字码[52]。由于延迟单元的非线性、过程变化引起的不均匀斜率以及电源电压波动[161]，因此，基于 TDC 架构温度传感器的精度不高。为了达到可接受的温度测量精度，需要数百个逆变器[163,164]。为了获得足够的操作延迟范围，采用了延迟锁定环[162]，但是它占用了很大的芯片面积，并且功耗较高。FDC 架构通过环形振荡器将温度相关信号转换成频率，环形振荡器通过 FDC 将频率转换成温度相关数字信号[54,161]。通过调整线性频差斜率[54]，可以改善温度传感信号的线性度，通过单点或多点校准可以提高精度。整体来看，基于 TDC 和 FDC 的温度传感器功耗低，但是测温精度不高，相反，基于 ADC 的温度传感器测温精度高，但是功耗高、测温时间长[153]。通过对三种体系结构的低功耗研究和分析，常用的低阈值 MOS 元件、偏置电流、电路复用、时分技术等是低功耗的关键技术，在芯片设计中应该重点采用上述技术，以实现超低功耗，更好地满足无源植入式芯片的性能要求。

数字基带是整个芯片的核心功能模块，负责整个芯片功能的实现，是芯片的控制中心。主要功能包括：芯片应用编码存取、数据编解码、指令解析与执行、状态控制及跳转、安全认证通信、防碰撞算法、对芯片锁定及灭活等。该模块与采用的 RFID 技术标准具有直接关系，本书第 3.3 节将对无源植入式芯片参考技术标准进行对比研究。UHF RFID 芯片的数字基带已有研究提出了设计方案[166-169]，但对集成温度传感器、兼容农业农村部畜禽标识编码、低成本安全认证及防碰撞算法等功能于一体的芯片数字基带尚未有专门研究，因此，本书将对其进行重点研究。

3.2 芯片数字基带设计

无源植入式芯片的电路包括模拟电路和数字电路，射频模拟前端电路主要是模拟电路，温度传感器电路包含模拟和数字电路，数字基带电路则是数字电路。数字基带作为芯片的主控制单元，已经得到广泛研究[170-175]。数字基带的设计一般采用自顶向下设计思想，按照功能对其进行模块划分，由于模块划分的角度不同，不同设计方案中模块的功能和数量可能不同[166-169]。

3.2.1 芯片数字基带架构及功能

按照数字基带电路的功能，本书将无源植入式芯片的数字基带划分为 12 个模块：初始化模块、解码模块、主状态机模块、输入控制模块、存储控制接口模块、输出控制模块、编码模块、防碰撞模块、安全模块、温度传感模块、分频模块和功耗管理模块。其功能架构如图 3-3 所示。

1. 初始化模块

初始化模块负责数字基带电路的上电复位操作。在接收到射频模拟前端电路提供的复位信号后开始工作，包括读取芯片的灭活/锁定状态字、编码区数据等，同时，防碰撞模块利用编码区数据采用循环冗余校验（Cyclic Redundancy Check, CRC）计算得到伪随机数种子。初始化模块启动后，功耗管理模块开始工作。

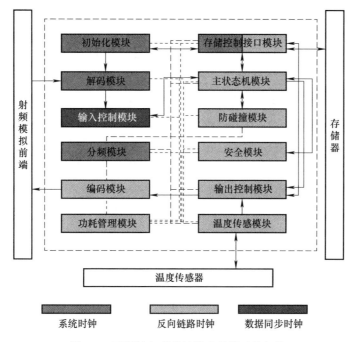

图 3-3　无源植入式芯片数字基带功能架构

2．解码模块

解码模块负责解码接收到的射频模拟前端发送的解调数据，得到接收到的指令及参数对应的二进制数据，同时产生数据同步时钟。不同编码需要采用对应的解码器，如 TPP、PIE、Manchester 等。该模块可以检测得到分隔符、分离校准符一、分离校准符二，并提取得到反向链路速率。

3．主状态机模块

主状态机模块是数字基带的核心，相当于控制中心，工作于指令的响应阶段，负责芯片状态跳转，几乎所有模块都依赖该模块的状态。主状态机的状态依赖于芯片的具体功能，如 GB/T 29768—2013 中设计了准备、仲裁、应答、确认、开放、安全和灭活七个状态，各个状态之间根据指令及应答情况依次有序转换。状态的编码可以采用不同的方案，建议采用格雷码编码，以降低功耗和面积。

4．输入控制模块

输入控制模块包括指令解析和 CRC 校验两部分。利用解码模块得到的数据同步时钟，对收到的全部数据进行 CRC 校验，校验失败则终止指令的执行。指令解析包括指令头和参数两部分，对于无法识别的非法指令，则拒绝执行。对于有效合法且带参数的指令，可以对指令参数保存以备后续处理模块使用。为了降低电路复杂度及功耗，可以对 CRC 校验通过并且有效的指令进行重新编码[166]。由于芯片集成了温度传感器，要实现对温度数据的读取，需要对现有指令进行改造或设计新的指令，本书将在 3.2.2 节重点对其进行研究设计。

5．存储控制接口模块

存储控制接口模块可以根据各模块提供的请求信号、起始指针和数据长度产生对存储器的控制信号，实现对指定存储单元的读、写等操作，并返回指定的数据。该模块是芯片存储器的接口，是数字基带各模块读写操作的控制枢纽，在数字基带处理的初始化、前向数据处理和反向数据处理等阶段都可以工作，但各个模块的时钟频率不同，需要对工作时钟进行选择。以 EEPROM 存储器为例，应该尽可能地采用较高频率的时钟产生控制信号，高的时钟频率可以缩短存取时间，但同时会增加功耗[167]。

6．输出控制模块

输出控制模块负责指令的执行并应答数据，是决定芯片处理是否成功的关键模块。根据芯片主状态机的状态及当前接收到的指令准备应答数据。应答数据包括读取温度传感模块的温度数据、存储控制模块中的 EPC 编码等信息，并且可以根据芯片的应用编码方案进行应答数据的格式化，最终将符合要求的应答数据发送给编码模块。

7．编码模块

编码模块主要完成应答数据的编码，一般与输出控制模块并行工作，编码后的数据发送给射频模拟前端，完成了数字基带的指令响应。

8．防碰撞模块

防碰撞模块是阅读器实现对芯片单一化操作的重要模块，也就是防碰撞算法在数字基带中的实现，由伪随机数发生器、时隙计数器、主状态机等电路共同实现。伪随机数发生器用于为芯片产生一个符合要求的随机数，时隙计数器判断当前时隙是否可以进行应答，主状态机负责芯片状态的跳转。防碰撞算法的研究与实现对芯片的快速识别具有重要影响，本书将重点研究。

9．安全模块

安全模块包括 CRC 校验和加解密子模块，其中，CRC 校验子模块主要用于对前向链路数据的合法性进行校验和对反向链路数据附加校验码。在 GB/T 29768—2013 标准中包含 CRC5 和 CRC16 两种规则，相反在 EPC G2 和 ISO/IEC 18000—6 中只有 CRC16。一般来说，CRC 电路有两种实现方式：串行和并行，并行电路速度快，但是功耗大；采用线性反馈移位寄存器实现的串行 CRC 电路具有电路结构简单、功耗更低的优点[169]。因此，对于无源植入式芯片而言，建议采用串行电路。加解密子模块主要负责对 RFID 系统中阅读器与芯片之间的安全通信，包括单向认证和双向认证中需要用到的加解密计算，对于保障芯片的安全十分重要，本书在 3.2.3 节重点对其进行研究。

10．温度传感模块

温度传感模块是芯片数字基带与温度传感器之间的接口，主要负责读取温度传感器的测量数据，该模块只有在芯片被单一化后，ACK 指令执行时才执行。但是，为了保证温度测量的准确性，需要进行校准，常用的校准技术包括单点校准、两点校准或三点校准。根据集成温度传感器的不同，采取不同的温度读取及校准方案。如果温度传感器输出结果为未校准的采样值，则需要本模块进行数据校准，相反，如果输出结果为已经校准的数据，则直接与其他应答信息返回即可。在芯片的存储器设计中，需要设计温度传感器校准参数的存储区块，该区块应该是只读存储器，并且支持芯片制造商在出厂时一次性编程写入，因此，建议该校准参数保存在存储器的芯片信息区。

11．分频模块

时钟频率是影响电路功耗的重要因素，可以将数字基带各模块工作的时钟设计为不同频率，从而降低整体功耗。分频模块主要负责产生各模块的工作时钟和反向链路时钟。这些时钟通过系统时钟经过分频得到，数字基带的系统时钟由射频模拟前端提供，理想值为 1.92MHz[166,169]，实际可能介于 1.28～2.2MHz。时钟频率越低，功耗也越低[167]。其中，反向链路时钟由 Query 指令中的反向链路因子决定，以此来分频得到反向链路速率。如图 3-3 所示，根据模块的功能及工作流程，各个模块分别采用不同的工作时钟。本书将数字基带的时钟设计为三个：主时钟 clk_s、数据同步时钟 clk_data 和反向链路时钟 clk_BLF，其中反向链路时钟可以根据反向链路编码进行细分[167]。

12．功耗管理模块

功耗管理模块对无源植入式芯片的低功耗性能而言十分重要，主要负责产生模块使能信号，利用使能信号实现对各模块的开启或关闭，降低数字基带的整体功耗。各模块工作结束后发送一个完成信号给该模块，功耗管理模块关闭使能信号，停止对应模块的工作。通过握手信号的传递有效地避免无关模块的时钟驱动，以此来降低电路功耗[167]。

一般而言，UHF RFID 芯片中数字基带模块的功耗约占总功耗的 70%左右[168]。显然，低功耗是芯片设计的重点[169]，其功耗直接决定了芯片的性能[166]，功耗的增加会缩短通信识别距离[167]。在芯片设计时，通常可以将组合逻辑优化、操作数隔离等多项技术有效结合来降低电路功耗，取得更好的电路性能。

3.2.2　芯片应用编码及温度读取方案

UHF RFID 空中接口三类标准都对 RFID 系统的指令进行了详细定义，并将其分为必选指令、可选指令和扩展指令三种，按照指令的功能又可分为盘点和访问两类。必选指令为最基本的盘点类指令和部分访问类指令，可选指令为部分访问类指令。扩展指令包括：专用指令和定制指令，其中，专用指令用于芯片的生产制造，不能用于具体的 RFID 应用系统，而定制指令可以在应用系统中使用[176]。无论芯片的设计选用哪种标准，必选指令是强制实现的指令，指令的具体执行过程参考标准说明即可。但是，无源植入式芯片与普通 UHF RFID 芯片的支持指令不完全相同，因为该芯片集成了温度传感器，需要通过某种指令来读取、转换、应答温度数据。在 ISO/IEC 18000—63 标准中明确说明，传感器数据附加在 ACK 指令的应答数据之后。

因此，本书认为，对于无源植入式芯片的温度读取来说，无须增加新的温度测量专用指令，利用 ACK 指令返回温度数据即可。但是，芯片需要对 ACK 指令的处理流程进行优化设计。首先，读取温度传感器的应答数据；其次，如果需要校准，按照采用的温度校准算法进行校准；最后，将其校准后的数据附加在其他响应数据之后。同理，配套阅读器也需要支持 ACK 指令返回数据的正确解析，实现对芯片应用编码及温度数据的绑定读取。

3.2.3　芯片安全认证协议

EPC G2 标准在正式加入 ISO/IEC 18000—6C 标准时并未有关于安全认证协议的规定，在后续 2013 年 10 月发布的 2.0.0 版本中，增加了对安全认证协议的支持。目前，三类 UHF RFID 空中接口标准的最新版本都可以支持阅读器认证、芯片认证或者双向认证。阅读器认证，也就是芯片对阅读器的单向验证，当芯片验证阅读器通过后，才可正常与该阅读器进行后续通信，否则，终止当前会话；芯片认证，即阅读器对芯片的合法性进行单向验证，只有合法的芯片才会被成功读取识别；双向认证，需要芯片和阅读器双方都进行认证，即只有双方都认为对方合法有效，才可以进行安全通信，从而可以保证 RFID 系统的双向安全。认证协议都需要采用密钥和加密算法，才能保证消息的隐匿性及合法校验。在 ISO/IEC 18000—63 标准中规定，RFID 芯片可以采用 ISO/IEC 29167 加密套件标准、GS1 或生产厂商等不同的安全认证协议。因此，导致目前现有产品中厂商采用的安全认证协议不尽相同，同时，在学术界也对 RFID 的安全协议持续不断地进行跟踪研究。

从理论层面来分析，常规协议支持传统的加密算法，安全性最好，但其计算复杂性太高，导致芯片的成本过高，不适用于低成本的应用系统；轻量级协议的安全性次之，但相对于超轻量级协议而言，整体性能不高。相反，超轻量级协议因为其计算最简单、也可保障较高的安全性，因此，更适用于低成本的 RFID 产品，得到了广泛研究。为了保障无源植入式芯片的安全，研究低成本、高安全性的认证协议，本书在第 4 章中对超轻量级双向安全认证协议进行深入研究。

3.2.4　芯片防碰撞算法

RFID 的防碰撞算法也称为碰撞仲裁算法，用于实现多 RFID 芯片的仲裁，实现单一化特定芯片的操作。RFID 碰撞分为芯片碰撞、阅读器碰撞及混合碰撞，解决这些碰撞问题的算法称为对应的防碰撞算法。其中，多阅读器的防碰撞由多个阅读器之间协商解决，芯片的防碰撞主要由单个阅读器与多个芯片之间协商解决，而混合场景下的防碰撞则需要多个阅读器和多个芯片协同解决。一般而言，阅读器碰撞和混合碰撞可以通过优化阅读器部署位置来避免。但是，多芯片的场景应用更加广泛，芯片的数量随机、位置不确定，导致芯片发生碰撞的随机性更强，成为影响 RFID 系统性能的重要问题。

在采用无源植入式芯片的畜禽养殖环境中，每只（头）动物都携带一个无源植入式芯片，在集中式圈舍养殖环境下畜禽位置相对静止；相反，在野外放养环境下，畜禽位置随机并且处于移动状态。在静态和动态两种场景对 RFID 的防碰撞算法提出了不同的挑战，因此，无源植入式芯片的防碰撞算法应该根据养殖场景，设计不同的防碰撞算法。

本书在第 5 章和第 6 章中重点针对以上两种不同场景的 RFID 芯片防碰撞算法的模型、算法、仿真等进行了深入研究。

3.3　芯片参考技术标准分析

无源植入式芯片设计标准主要涉及 UHF RFID 技术标准和畜禽养殖管理的动物识别编码标准，也就是 UHF RFID 空中接口标准和动物射频识别—代码结构标准，两种标准分别对射频识别技术参数和畜禽的身份识别做出了明确定义。本节重点研究主流的 UHF RFID 空中接口标准，包括国家标准和国际标准；用于畜禽身份识别的编码标准，包括国际标准、国家标准和我国农业农村部畜禽标识标准。从参数对比、编制过程、可扩展性等方面对这两类标准进行了研究对比。

3.3.1　UHF RFID 空中接口标准

空中接口协议作为 RFID 技术的重要标准，对于 RFID 通信的物理层和媒体访问控制层的参数、协议、芯片和阅读器的设计等都给出了明确的技术规定。目前，主流的 UHF RFID 产品采用的空中接口标准主要有三种：一个是国家标准 GB/T 29768—2013《信息技术　射频识别 800/900MHz 空中接口协议》[176]（以下简称 GB/T 29768 标准），另外两个是国际标准，即 *EPC^{TM} Radio-Frequency Identity Protocols Generation-2 UHF RFID Standard-Specification for RFID Air Interface Protocol for Communications at 860 MHz-960 MHz*[125]（以下简称 EPC G2 标准）和 *ISO/IEC Information technology-Radio frequency identification for item management-Part 6: Parameters for air interface communications at 860 MHz to 960 MHz General*[177]（以下简称 ISO/IEC 18000—6 标准）。

1. GB/T 29768—2013《信息技术　射频识别 800/900MHz 空中接口协议》

该标准是由中华人民共和国国家质量监督检验检疫总局和中国国家标准化管理委员会于 2013 年 9 月 18 日发布的推荐性国家标准，并于 2014 年 5 月 1 日实施。对工作在 840～845MHz 和 920～925MHz 频段射频识别系统空中接口技术进行了定义，适用于该频段芯片、阅读器的设计、生产、测试和使用。

2．*EPC^{TM} Radio-Frequency Identity Protocols Generation-2 UHF RFID Standard-Specification for RFID Air Interface Protocol for Communications at 860 MHz-960 MHz*

EPC Global 组织成立于 2003 年 11 月，于 2004 年 11 月发布了 EPC C1G2 标准的 1.0.0 版本 *EPC^{TM} Radio-Frequency Identity Protocols Class-1 Generation-2 UHF RFID Protocol for Communications at 860 MHz-960 MHz*（以下简称 EPC C1G2 标准）。2008 年为了满足零售商的增强功能，发布了 1.2.0 版本。该标准致力于全球统一技术标准，以便实现对每件物品在全球范围内都具有唯一识别代码。目前最新版本为 2018 年 7 月发布的 2.1 版本，与 ISO/IEC 18000—63 的说明保持一致，名称为 *EPC^{TM} Radio-Frequency Identity Protocols Generation-2 UHF RFID Standard-Specification for RFID Air Interface Protocol for Communications at 860 MHz-960 MHz*。

3．*ISO/IEC Information technology-Radio frequency identification for item management-Part 6: Parameters for air interface communications at 860 MHz to 960 MHz General*

ISO 作为国际标准化领域的权威机构，于 2004 年发布了 ISO/IEC 18000—6 标准，目的是为国际市场上日益增长的 RFID 市场提供兼容性，并鼓励产品的互操作性。其定义了在 860～960MHz 的工业、科学和医疗频段工作的 RFID 设备在物品管理应用中的空中接口，为制定 RFID 应用标准的 ISO 委员会提供通用技术规范。在 EPC C1G2 标准加入后被命名为 Type C，其具有识读速度更快，多阅读器环境下多芯片识读性能更强等优点，得到广泛的应用。目前最新版本为 2018 年经过审阅的 ISO/IEC 18000—6：2013，共包含四种类型：Type A、Type B、Type C 和 Type D。其中，Type A、Type B 和 Type D 为 2012 年正式发布，截至目前并未修订更新，而 Type C 在 2013 年正式发布后，于 2015 年再次进行修订更新，说明对 Type C 的研究与应用更加活跃。具体版本为：当前版本为 2018 年已修订的 ISO/IEC 18000—61：2012 *Information technology — Radio frequency identification for item management — Part 61: Parameters for air interface communications at 860 MHz to 960 MHz Type A*[178]、2018 年修订的 ISO/IEC 18000—62：2012 *Information technology — Radio frequency identification for item management — Part 62: Parameters for air interface communications at 860 MHz to 960 MHz Type B*[179]、ISO/IEC 18000—63：2015 *Information technology — Radio frequency identification for item management — Part 63: Parameters for air interface communications at 860 MHz to 960 MHz Type C*[133]、2018 年修订的 ISO/IEC 18000—64:2012 *Information technology—Radio frequency identification for item management—Part 64:Parameters for air interface communications at 860 MHz to 960 MHz Type D*。

以上三类标准作为 UHF RFID 空中接口的主流标准，但在标准制定过程、发布时间等方面具有相关性，标准的框架及内容也有许多相似之处，部分主要参数的对比见表 3-1。

表 3-1　UHF RFID 空中接口标准关键参数对比

参 数 名 称		GB/T 29768	EPC G2	ISO/IEC 18000—6			
				Type A	Type B	Type C	Type D
工作频率		840～845 MHz 920～925 MHz	860～960 MHz	860～960 MHz			
最新版本/修订年份		2013/2013	2.1/2018	2012/2018	2012/2018	2015/2018	2012/2018
调制方式	R=>T	DSB-ASK/SSB-ASK	DSB-ASK/SSB-ASK/PR-ASK	ASK	ASK	DSB-ASK/SSB-ASK/PR-ASK	—
	T=>R	ASK/PSK	ASK/PSK	反向散射			ASK
编码方式	R=>T	TPP	PIE	PIE	Manchester	PIE	—
	T=>R	FM0/Miller	FM0/ Miller 副载波	FM0	FM0	FM0/ Miller 副载波	PPE/Miller (M=2)

（续）

参数名称		GB/T 29768	EPC G2	ISO/IEC 18000—6			
				Type A	Type B	Type C	Type D
数据速率	R=>T	45.7～91.4 kbit/s	26.7～128 kbit/s	33 kbit/s	10/40 kbit/s	26.7～128 kbit/s	—
	T=>R	FM0:64～640 kbit/s Miller 副载波：8～320 kbit/s	FM0:40～640 kbit/s Miller 副载波:5～320 kbit/s	40/160 kbit/s		FM0：40～640 kbit/s Miller 副载波:5～320 kbit/s	256 kbit/s
通信驱动方式		ITF	ITF	ITF	ITF	ITF	TOTAL
安全认证协议		单向/双向	单向/双向	—	—	单向/双向	—
防碰撞算法		动态分散收缩二叉树	随机时隙 ALOHA	自适应 ALOHA	自适应二叉树	随机时隙 ALOHA	随机延缓并重复
传感器扩展接口		—	—	—	—	支持	支持

注：1. DSB-ASK：Double-SideBand Amplitude Shift Keying（双边带幅度移位键控）。

　　2. SSB-ASK：Single-SideBand Amplitude Shift Keying（单边带幅度移位键控）。

　　3. PR-ASK：Phase-Reversal Amplitude Shift Keying（相变幅移键控）。

　　4. PPE/Miller（M=2）：Pulse Position Encoding（脉冲位置编码） or Miller M=2 encoded。

　　5. ITF：Interrogator-Talks-First（reader talks first）（阅读器先讲）。

　　6. TOTAL：Tag-Only-Talks-After-Listening（监听后仅芯片应答）。

　　7. PIE：Pulse-Interval Encoding（脉冲间隔编码）。

尽管以上三类标准都定义了技术属性的前向和返回链路参数，包括工作频率、调制方式、编码方式等，同时标准的最新版本中，也都对安全认证协议和防碰撞算法予以明确，但是，不同标准采纳了不同的实现算法。各类标准都为 UHF RFID 产品的设计、研发提供通用的技术规范参考，而非强制性标准，因此，可以根据以上标准结合具体应用进行优化改进，以求得更高的性价比。

整体而言，ISO/IEC 18000—63 标准在技术通用性、可扩展性、国际化竞争等方面具有更好的优势，而如果瞄准国内市场，则可以优先考虑基于 GB/T 29768 标准。在遵循标准主体架构的前提下，可以对相关协议、算法等进行优化设计。

3.3.2　动物射频识别—代码结构标准

基础设施配备是开展疫病防治的重要前提，疫病防治专业性强、效率低[180]是畜禽疫病防治工作的难点。畜禽个体身份标识是精准化管理和疫病诊断的基础，必须借助新技术、新装备实现畜禽"一畜一码"标识、疫病早期精准诊断。

动物射频识别—代码结构标准属于 RFID 技术的应用行业标准，主要实现对应用系统中物品的唯一标识。动物射频识别编码结构目前有两种标准，一个是国家标准 GB/T 20563—2006《动物射频识别 代码结构》[181]（以下简称 GB/T 20563 标准），另一个是国际标准 ISO 11784—1996 *Radio frequency identification of animals-Code structure*[22]（以下简称 ISO 11784 标准）。

1．GB/T 20563—2006《动物射频识别　代码结构》

该标准的归口单位是全国农业机械标准化技术委员会，由中国物品编码中心起草，2006 年 10 月 26 日正式发布，2006 年 12 月 01 日正式实施。它根据 ISO 11784 标准结合我国国家动物代码的编制要求修订而成。动物代码结构依然采用 ISO 11784 标准的结构，由 64 位二进制数组成，二进制代码位置序号简称位序号，位序号以左边位为低序位。具体代码结构见表 3-2。

表 3-2　GB/T 20563 标准的 64 位二进制动物代码结构

代码段名称	位序号	定　义	编码容量（十进制表示）
控制代码	1	应用标志	$2^1=2$
	2～4	芯片重置计数	$2^3=8$
	5～9	用户信息	$2^5=32$
	10～15	保留字段	$2^6=64$
	16	链接标志	$2^1=2$
国家或地区代码	17～26	国家和地区名称的代码	$2^{10}=1024$
国家动物代码	27～64	国家和地区内动物唯一的识别代码	$2^{38}=274877906944$

该 64 位二进制代码包括三个具有特定含义的代码段：控制代码段、国家或地区代码段、国家动物代码段。控制代码段为前 16 位，其中，5～9 位标识用户信息，编码规则由国家编码主管机构根据我国具体情况确定，第 16 位为链接数据标志位，当该位为 1 时，表示在 64 位动物代码后链接一个 64 位的附加数据段（一般为测量得到的动物生理数据）；国家或地区代码段为 17～26 位，以 GB/T 2659—2000《世界各国和地区名称代码》[182]标准进行编码，我国的代码为 156；国家动物代码段为 27～64 位，该代码段可以标识某个国家或地区内的唯一动物个体。目前，我国的国家动物代码段由国家编码主管机构统一管理，在全国范围内唯一。该编码标准适用于家禽家畜、家养宠物、动物园动物、实验室动物等的射频识别管理，也可以用于动物管理过程中的信息管理[8]。

该标准并未规定具体的使用方式，但在国家标准 GB/T 22334—2008《动物射频识别技术准则》中，规定了射频芯片被触发并向阅读器发送的全部信息，包括：起始码、标识代码、校验码和结束码。其中，标识代码是应该符合 GB/T 20563 标准的规定，其他代码均为通信控制代码，对于畜禽养殖应用系统来说没有应用含义。

2．ISO 11784—1996 Radio frequency identification of animals-Code structure

ISO 11784 标准由 ISO 于 1996 年 8 月发布，沿用至今，最近一次版本修订为 2015 年。该标准规定了动物射频识别码的编码结构，编码结构为 64 位代码，其中 27～64 位可由各个国家自行定义。类似地，该标准也被用于 ISO 11785—1996 *Radio frequency identification of animals-Technical concept*，符合该技术标准的阅读器和芯片可以实现对动物代码的正确识别。国际动物编码委员会（The International Committee for Animal Recording，ICAR）对符合该类标准的可注射式应答器可以颁发认证许可证书[24]。

目前，中国农业机械化科学研究院正在负责起草国家标准计划《动物射频识别　高级射频芯片　第 1 部分：空中接口》[184]《动物射频识别　高级射频芯片　第 2 部分：代码和指令结构》[185]，此项标准完全向后兼容 ISO 11784 和 ISO 11785 的内容。作为 ISO 11785 的直接扩展，其目的在于与国际标准一起使用。

根据以上分析，GB/T 20563 标准和 ISO 11784 标准只是对动物代码结构进行了定义，完全可以与不同频段 RFID 空中接口标准进行集成使用，只要保证 RFID 阅读器和芯片之间能互相识别对应的动物代码即可。该标准规定的国家动物编码是行业编码的制定参考，需要对不同行业应用进行编码划分。例如，中国工作犬管理协会是国内首家获准使用国家编码 "156XX" 的组织[186]。

3.3.3　农业农村部畜禽标识和养殖档案管理办法

农业农村部在《2018 年畜牧业工作要点》中指出 "推动畜牧业在农业中率先实现现代化，是畜牧业助力'农业强'的重大责任"[187]。农业农村部为了规范畜牧业生产经营行为，加强畜禽标识和养殖档案管理，建立畜禽及畜禽产品可追溯制度，有效防控重大动物疫病，保障畜禽产品质量安全，于 2006 年 6 月颁布了《畜禽标识和养殖档案管理办法》（农业部令第 67 号）[182]，并于 2006 年 7 月 1 日开始实施，同时废止 2002 年 5 月 24 日农业部发布的《动物免疫标识管理办法》（农业部令第 13 号）。猪、牛、羊以外其他畜禽标识实施时间和具体措施由农业农村部另行规定。动物卫生监督机构实施产地检疫时，应当查验畜禽标识，没有加施畜禽标识的，不得出具检疫合格证明。

按照《畜禽标识和养殖档案管理办法》可以很好地解决畜禽养殖中 "一畜一码" 精准管理的问题。畜禽标识编码由 1 位畜禽种类代码（猪、牛、羊的代码分别为 1、2、3）、6 位县级行政区域代码、8 位标识顺序号，共 15 位数字及专用条码组成。其中，15 位数字编码格式为：

×（种类代码）－××××××（县级行政区域代码）－××××××××（标识顺序号）

由于畜禽标识不得重复使用，按照该种编码规则，每个县级行政区域每种种类畜禽最多能标识 1 亿头。当畜禽标识发生磨损、破损、脱落等情况时，需要加施新的标识，并在养殖档案中记录新标识编码。因此，对于牛猪羊等大型牲畜出栏量而言，基本可以满足编码唯一的要求，但对于养殖大县的禽类而言，则无法满足唯一标识的需求。为了全面评估该办法的实际应用情况，农业农村部办公厅于 2016 年 5 月 11 日发布 "农业部办公厅关于开展《畜禽标识和养殖档案管理办法》立法后评估工作的通知（农办医〔2016〕30 号）"[189]，以评估畜禽标识、养殖和防疫档案、信息和监督管理等制度是否合理，是否适应当前动物疫病防控、保障畜禽产品质量安全的需求，哪些规定已经不适用。

综上所述，该办法是从加强动物检验检疫监管的角度出台，并且主要对牛、猪、羊三大牲畜的监管，其他畜禽标识实施时间和具体措施尚未明确说明。显然，该办法的编码规则无法满足全部畜禽养殖的精细化管理要求。

3.4　芯片应用编码方案研究与设计

按照 GB/T 20563 标准规定，我国的国家动物代码由国家编码主管机构统一管理，在全国范围内唯一，但其编码规则尚未明确规定。因此，基于该标准和农业农村部《畜禽标识和养殖档案管理办法》优化设计，一种既符合标准又能满足畜禽养殖标识管理，切实可用于无源植入式芯片的编码优化方案十分必要。

3.4.1 基于畜禽标识的国家动物代码可行性分析

GB/T 20563 标准中国家动物代码只有 38 位二进制位，如果将农业农村部畜禽标识直接在国家动物代码中进行编码，则会占用大量的编码，无法满足对所有畜禽进行明确编码的需求。具体分析如下：

按照民政部截至 2020 年 12 月 31 日的统计数据，全国共有省级行政区划单位 34 个、地市级行政区划单位 333 个、县级行政区划单位 2844 个，县级行政区划单位代码结构为 6 位，包括 2 位省级序号、2 位市级序号和 2 位县级序号，如 370921 代表山东省泰安市宁阳县。按照民政部 2020 年 12 月 31 日的最新行政区划代码，目前代码前两位的省代码最大数字为 82，中间两位的地代码最大数字为 90，最后两位的县代码最大数字为 88。为了能正确标识以上代码，省级/地级/县级至少各需要 7 位二进制位，县级行政区域代码至少需要 21 位二进制位，剩余有效编码位共计 17 位，显然无法满足"一畜一码"的要求。因此，有必要对县级行政区域代码进行重新编码，以提高国家动物代码的编码利用率。

对民政部 2020 年 12 月 31 日公布的最新的县级以上行政区划代码统计分析发现，目前，我国省级单位共计 34 个，广东省拥有地级最多为 21 个，河北省保定市用于县级单位最多为 24 个。虽然全国的省份编码、地级编码、县级编码数量并不多，但编码存在间断、不连续的情况，导致了编码不规则及浪费的问题。如果对三级单位代码采用二进制并进行连续编码，则会节省部分编码位。例如，省级单位 6 位（$2^6=64$）、地级单位 5 位（$2^5=32$）和县级 5 位（$2^5=32$），共计 16 位即可。该编码方案虽然能保证现有县级单位全部编码，同时仍有预留编码以备后续变更。新的问题在于，即使剩余 22 位全部用于县级内畜禽的标识，也只有 4194304（$2^{22}=4194304$）个编码，显然编码也无法满足全部畜禽的标识需求。但是，如果在动物国家代码中舍弃县级行政区域代码，虽然可以实现对畜禽身份标识的"一畜一码"，但又存在不利于畜禽检验检疫的管理，因此，该种方案不够理想。

3.4.2 基于 GB/T 标准的芯片应用编码扩展性分析

在 GB/T 20563 标准规定控制代码的第 16 位为链接标志，当为 0 时表示不链接附加数据段；当为 1 时表示 64 位动物代码后链接一个 64 位的附加数据段，该数据段可以表示测量的生物数据。由于无源植入式芯片需要返回畜禽的温度数据给阅读器，因此，该类芯片的链接标志应该设置为 1，并将 64 位中的附加信息进行重新划分，分别用于标识国家动物代码和温度数据。

按照 3.4.1 节中的可行性分析结论，如果要对农业农村部畜禽标识以二进制进行完全编码，则种类代码最大支持 10 种，需要占用 4 位；县级行政区域代码，需要占用 21 位；8 位数字表示的标识顺序号，需要占用 27 位，共计占用 52 位。温度数据用剩余 12

位表示，对于畜禽的体温监测而言，一般要求在 25～45℃范围内，精度为 0.10℃则可以满足要求，因此，温度数据的整数部分占用 6 位，小数部分占用 4 位，共需 10 位即可正确表示温度数据。该种编码方案既保证了 GB/T 20563 标准与 ISO 11784 标准的国际通用性，也保证了可以完整地标识农业农村部对畜禽标识的要求，同时也可以用于畜禽体温的监测。但因为 GB/T 20563 标准的国家动物编码和农业农村部畜禽标识都用于唯一的标识畜禽身份，同时进行编码导致代码结的冗余。另外，附加信息位只剩余 2 位，不便于后续的功能扩展。

3.4.3　芯片应用编码优化方案设计

基于上述两种编码方案的分析研究可知，优化后的编码方案应该可以满足以下几个要求：

1）符合国家和国际标准，便于畜禽的国际化流通和信息交换。

2）精简代码结构，提高编码信息位的利用效率。

3）满足农业农村部畜禽标识的要求，便于畜禽检验检疫工作的开展。

为满足以上编码方案要求，在保持优化编码方案优势的基础上，进一步降低编码信息位的冗余度，提升编码后续扩展能力。本方案的优化思路为：将 38 位动物国家代码和 64 位附加数据段进行统一编码，同时要保证 38 位国家代码的唯一性。优化后的代码结构如图 3-4 所示。

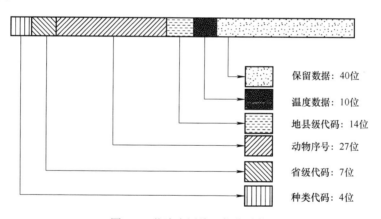

保留数据：40位

温度数据：10位

地县级代码：14位

动物序号：27位

省级代码：7位

种类代码：4位

图 3-4　芯片应用编码优化结构

本优化编码方案中，同时将县级行政单位代码拆分为省级代码和地县级代码，在编码的不同位置表示。农业农村部的畜禽编码为十进制数字，种类代码 1 位，可以表示 10 种畜禽，因此，种类代码需要 4 位二进制位表示。目前，我国最新行政区划代码中省级前两位省代码最大数字为 82，需要 7 位二进制位表示；后四位的地和县代码的最大数字分别为 90 和 87，也分别需要 7 位二进制位表示。因此，将 GB/T 20563—2006 标准的 38 位二进制的动物国家代码划分为：4 位种类代码、7 位省级代码和 27 位动物序号。由此可知，根据该动物国家代码可以自动得到某种畜禽在某个省份的动物序号，每个省份每种畜禽可以标识 134217728 只（头）。

64 位二进制附加数据位包括: 14 位地县级代码、10 位温度数据和 40 位保留数据位。当阅读器接收到无源植入式芯片返回的数据时, 将 7 位省级代码和 14 位地县级代码拼接为 21 位的县级行政区域代码, 即可实现对民政部县级行政区域代码的完整表示。另外, 该编码方案预留 40 位的保留数据位, 同时, 种类代码、省级代码、动物序号、地县级代码都留有冗余, 便于后续编码方案的升级更新。

当然, 该种方案的编码容量也有不足。例如, 如果畜禽出栏后芯片及编码废弃不用, 则对一年出栏几十亿只 (头) 的畜禽大省而言, 编码数量仍然相对不足。为了解决这个问题, 建议充分利用出栏批次/日期数据, 同时做好芯片及编码的回收及再次利用工作即可。

综上所述, 该种编码方案能完全满足农业农村部畜禽标识编码要求, 同时符合动物射频识别—代码结构的国家标准和国际标准。既符合技术标准, 又满足实际生产应用, 同时具有一定的冗余性, 是无源植入式芯片应用编码的可行方案。按照各个省份畜禽存栏量来看, 该方案对于存栏畜禽完全可以实现 "一畜一码" 的标识管理。

3.5 小结

本章根据无源植入式芯片的功能, 对其芯片架构、数字基带、参考技术标准、应用编码方案进行了全面研究。基于现有 UHF RFID 芯片数字基带的设计, 本书以 UHF RFID 集成数字温度传感器为研究对象, 设计了一种无源植入式芯片的数字基带架构, 并对各功能模块的功能进行了全面阐述。以无源植入式芯片在畜禽养殖中的 "一畜一码" 编码应用为研究对象, 设计了兼容国家标准、国际标准和农业农村部畜禽标识的芯片应用编码优化方案, 以便于芯片的应用推广。同时, 基于参考设计标准及本书设计方案, 对温度读取方案、安全认证协议和防碰撞算法设计进行了分析讨论, 为后续的研究工作奠定了基础。

第 4 章　超轻量级 RFID 双向安全认证协议

4.1　引言

RFID 安全认证可以实现阅读器和 RFID 芯片双方身份合法性的有效甄别，是 RFID 芯片安全接入到物联网系统的重要保证技术。对 RFID 芯片而言，芯片的成本限定了其应用和安全性能。高成本的 RFID 芯片可以提供更高的安全性，而低成本的 RFID 芯片则因为存储和计算性能较差，导致无法保证较高的安全性。如电子护照系统、身份证系统中 RFID 芯片可以提供很高的安全性，以保证隐私信息的安全，相反，在供应链和物联网中 RFID 芯片的安全性则难以保障，主要原因是受限于低成本要求。

IoT-UMAP 协议具有低成本优势，可以满足物联网的低成本及安全性要求。但研究认为，攻击者可以通过代数计算得到数据库和 RFID 芯片中存储的密钥信息，从而导致该协议存在密钥泄露漏洞[190]，主要原因在于公共消息之间存在代数运算关系，可以通过等式变换计算推导得出。同时，尽管 IoT-UMAP 协议中采用了双旋转 Rot (Rot)操作，但是如果两次旋转对同一个消息进行旋转，则意味着内部的第一次旋转中间结果被忽略。因此，要想通过双旋转来提高协议的安全性，必须保证双旋转 Rot (Rot)操作用于不同的消息。

本书在现有协议的基础上，尽可能地避免协议存在的安全漏洞，以保证协议完整性、匿名性、机密性为前提，以超轻量、低成本、双向安全为研究目标，对适用于物联网设备的超轻量级 RFID 双向安全认证协议开展研究。首先，对超轻量级操作和安全性进行研究；其次，提出本书的设计理念、模型定义；再次，提出了一种适用于物联网系统的新型超轻量级 RFID 双向安全认证协议，称为 NIoT-UMAP 协议；最后，对该协议的安全性进行分析，并从通信成本、存储成本和计算成本三个层面，对协议与同类协议进行了对比分析。

4.2　超轻量级计算及协议安全性分析

4.2.1　超轻量级计算

Gossamer 协议受到 SASI 协议的启发，并且协议对资源的要求与 SASI 协议也十分类似[87]，但是与以前 UMAP 类协议不同的是，该协议首次采用了双旋转 Rot (Rot (x, y), z) 计算和 MixBits (x, y)计算来增强本协议的安全性。

1. Rot (x, y)计算

Rot (x, y)计算不同于其他三角函数（Triangular function，T-函数）的按位计算，如与（∧）、或（∨）、异或（⊕）和加（+）等，这些计算对加密消息的扩散效果较差，也就是说，输出值中第 i 位的值只取决于输入值中第 0 到 i 位[87]。相反，Rot (x, y)计算是非三角函数，由它参与组成的整体运算也是非三角函数[91]，可以保证加密后消息的扩散性更好，同时，也符合超轻量的计算要求。

以信息长度 $L = 96$ 为例，根据汉明权重版本 Rot (x, y)[90]的定义，从 Rot (x, y)得到的输出结果 x 的概率是 1/96，因此，Rot (x, y)的概率分布是均匀的[88]。但实际情况是，以消息 y 的长度 $L = 96$ 为例，对于消息 y 的汉明权重而言，实际上汉明权重 wt (y)服从如下的二项概率分布[87,190]，其概率分布如图 4-1 所示。

$$P(wt(y) = k) = \binom{L}{k}\left(\frac{1}{2}\right)^L \tag{4-1}$$

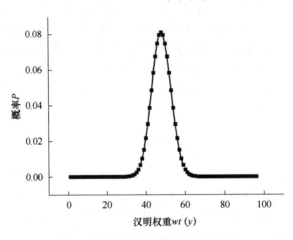

图 4-1 消息 y 的汉明权重概率分布

根据图 4-1 所示的概率分布曲线可知，对于 $L = 96$ 的消息而言，其汉明权重值并不是均匀分布的，即使 Gossamer 协议中的 Rot (x, y)计算采用模旋转版本 Rot (x, y)，该问题依然存在。同时，研究表明模旋转版本的 Rot (x, y)计算存在芯片隐私 ID 泄露风险[91]。这主要是因为，当 wt (y)的值为 0 或 L 时，模运算的结果均为 0，导致 Rot (x, y)计算并不进行任何移位计算，这相当于 Rot (x, y)没有发生任何作用，此时与其他没有引入非三角函数的 UMAP 协议面临相同的攻击风险。汉明权重旋转版本 Rot (x, y)相比模旋转版本 Rot (x, y)而言，不存在芯片隐私 ID 泄露的风险，同时加密消息的计算也更加简单。汉明权重旋转版本 Rot (x, y)是未来选择轻量级设计的趋势[91]。综合以上分析，本书仍然采用汉明权重旋转版本 Rot (x, y)，并且将双旋转 Rot (Rot (x, y), z)用于 RFID 超轻量级安全认证协议的设计，即 Rot (x, y)计算采用 SASI 协议[81]中的定义，第二个参数为 y 对应的汉明距离，即 $wt(y)$ 为 y 对应二进制数中比特为 1 的数量。

2. MixBits (x, y)计算

Gossamer 协议首次引入了 MixBits (x, y)计算，该计算是采用遗传编程[190]得到的只使用按位右移（>>）和加法的操作，具有超级轻量级特性。在 Gossamer 协议中，MixBits (x, y)计算主要用于代替传统的随机数生成算法，以降低计算成本。具体如下：

```
def MixBits(x, y):
    z = x
```

```
         for i in range(0,32):
            z = (z>>1) + z + z + y
      return z
```

由于 UMAP 协议的设计只能采用超轻量级的按位计算，因此，MixBits (x, y)计算完全满足超轻量级协议设计要求，其运算结果可以增强加密消息的新鲜性，提高协议的安全性。本书也将 MixBits (x, y)计算用于 RFID 超轻量级安全认证协议的设计，根据两个随机数，计算得到一个新的随机数，以保证消息的新鲜性。

4.2.2　IoT-UMAP 协议分析

1. IoT-UMAP 协议

IoT-UMAP 协议是针对物联网中 RFID 的安全认证而设计的超轻量级双向认证协议，只保留了按位计算的异或（$\oplus$）和 Rot (x, y)计算。与 SASI[81]、Gossamer[87]协议相比，在计算成本、通信成本和存储成本方面均表现出很大的优势。芯片端和阅读器端同时存储芯片 ID 对应的索引假名 IDS 和密钥 K，为了抵抗去同步攻击双方同时存储当前和前一次隐私信息值，即{IDS，K}、{IDS$_{old}$，K$_{old}$}。每次认证会话中，由阅读器生成两个随机数 m 和 n，并用于计算公开消息。在认证会话过程中，当芯片完成了对阅读器的认证时，芯片同时更新隐私信息{IDS，K}和{IDS$_{old}$，K$_{old}$}；当阅读器完成了对芯片的认证时，阅读器只更新隐私信息{IDS，K}，阅读器端的隐私信息{IDS$_{old}$，K$_{old}$}并未更新，而是在下一认证会话时更新。该协议的具体流程如下：

1）阅读器发送消息"hello"给芯片。

2）芯片收到消息"hello"后，同时将消息{IDS，IDS$_{old}$}应答给阅读器。

3）阅读器收到消息{IDS，IDS$_{old}$}后，检索数据库中是否存在匹配的隐私信息，共有三种结果：

第一种结果，如果在数据库中没有匹配的{IDS，IDS$_{old}$}任何一个值，说明该芯片为非法芯片，终止当前认证会话；

第二种结果，如果接收到芯片的{IDS，IDS$_{old}$}值在数据库中存在完全匹配的{IDS，IDS$_{old}$}值，则为正常合法芯片，以前的认证会话正常。同时，执行如下更新：

数据库的 IDS$_{old}$ = 数据库的 IDS；

数据库的 K$_{old}$ = 数据库的 K。

第三种结果，如果接收到芯片的 IDS$_{old}$ 值与数据库中的 IDS 值相等，此时说明，上一次认证会话中芯片完成了对阅读器的认证，并且成功更新了隐私信息。但是，阅读器并未完成对芯片的认证，导致没有更新数据库中的隐私信息。此时，执行如下更新：

数据库的 IDS = 数据库的 IDS$_{old}$= 芯片的 IDS；

数据库的 K = 数据库的 K$_{old}$= 芯片的 K$_{new}$。

4）经过上述更新后，阅读器生成两个随机数 m 和 n，并用于计算公开消息 P、Q 和 R，其中：

$$P = IDS \oplus m \oplus n \tag{4-2}$$

$$Q = K \oplus n \tag{4-3}$$

$$R = Rot(Rot(K \oplus n, IDS), K \oplus m) \tag{4-4}$$

然后，阅读器将消息 {P, Q, R} 发送给芯片。

5）芯片收到消息 {P, Q, R} 后，从 P 和 Q 中分别提出随机数 m 和 n，并计算 R'，以实现对阅读器的认证，具体如下：

$$n = K \oplus Q \tag{4-5}$$

$$m = IDS \oplus n \oplus P \tag{4-6}$$

$$R' = Rot(Rot(K \oplus n, IDS), K \oplus m) \tag{4-7}$$

芯片判断计算得到 R'是否与接收到的 R 相等，如果相等，则芯片对阅读器的认证成功，开始计算消息 S 并给阅读器应答；如果不相等，则芯片对阅读器的认证失败，认证过程终止。其中，消息 S 的计算公式如下：

$$S = Rot(Rot(IDS \oplus n, K), R' \oplus m) \tag{4-8}$$

同时，当芯片对阅读器的认证成功后，要备份当前的隐私信息到{IDS_{old}, K_{old}}，计算如下：

$$IDS_{old} = IDS \tag{4-9}$$

$$K_{old} = K \tag{4-10}$$

6）阅读器收到消息 S 后，开始计算 S'，以实现对芯片的认证，具体如下：

$$S' = Rot(Rot(IDS \oplus n, K), R \oplus m) \tag{4-11}$$

阅读器判断计算得到 S'是否与接收到的 S 相等，如果相等，则阅读器对芯片的认证成功；如果不相等，则阅读器对芯片的认证失败，认证过程终止。

当芯片对阅读器的认证成功和阅读器对芯片的认证成功后，芯片和阅读器两端分别更新假名 IDS 和密钥 K，计算如下：

$$K = Rot(R \oplus n, IDS \oplus m) \tag{4-12}$$

$$IDS = Rot(Rot(IDS \oplus n, K \oplus n), IDS \oplus m) \tag{4-13}$$

2. IoT-UMAP 通信成本

协议的识别阶段，每个认证会话芯片都要同时应答 {IDS, IDS_{old}}，以防范去同步攻击。对于正常的芯片而言，此种消息传送机制没有任何益处，反而增加了一倍的通信成本，降低了协议的运行效率。

3. IoT-UMAP 安全风险分析

（1）密钥泄露风险　认证会话通信中公开发送的消息 P、Q、R 和 IDS 具有运算关系，可以将 R 的计算公式化简为：

$$R = Rot(Rot(Q, IDS), IDS \oplus Q \oplus P) \tag{4-14}$$

同时，尽管消息 S 的中间计算采用了异或 $\oplus$ 和 Rot (Rot) 计算，但最终结果仍然是假名 IDS 的移位结果。以长度为 96 消息来看，共有 96 种不同的移位结果。当消息 IDS、P、Q、R、S 等都是公开消息，并且具有代数关系时，攻击者只需要通过被动攻击监听信道，即可破解通信双方的密钥 K 信息。利用上述漏洞，攻击者可以通过被动攻击（Passive Attack）成功破译 IoT-UMAP 协议密钥 K[191]，其攻击算法如下：

根据上述 Passive Attack 算法，攻击者窃取到任意一组会话消息 {IDS, P, Q, R, S}，即可开始执行破解攻击，执行完毕后可以得到不同数量的备选密钥 K 及协议认证完成后与密钥 K 对应更新的 IDS（即 IDS_{new}），通过监听后一认证会话中芯片应答的 IDS，即可判定候选密钥中真正的密钥 K。

为了更具体地展示上述攻击过程，及分析该攻击的有效性，本书在 Windows 7 操作系统中 Python 3.6(X64)环境下，进行了攻击实验分析。具体过程如下：

```
Algorithm 1 Passive Attack
1: procedure PassiveAttack({IDS, P, Q, R, S})
2: for i = 0 to 95 do
3:    w = {1^i} {0}^{96-i}
4:    Set T = Rot (S, w)
5:    Set m' = IDS ⊕ T
6:    Set n' = P ⊕ IDS ⊕ m'
7:    Set K' = Q ⊕ n'
8:    Set IDS'_new = = Rot (Rot (IDS ⊕ n', K' ⊕ n'), IDS ⊕ m')
9:    if S = Rot (Rot (IDS ⊕ m', K'), R ⊕ n') then
10:     Append {K', IDS'_new} to result list
11:     return result list
```

假设，阅读器和芯片当前共享隐私信息 IDS、K，对应的 16 进制取值为：

IDS = 1B2A03C18A90AD541C51B5C8

K　　 = A2B71A42BA8F91A2DC3A6F24

根据 IoT-UMAP 协议开始进行双向认证，首先，阅读器生成两个随机数 m 和 n，计算消息 P、Q 和 R 后发送给芯片，具体值为：

m　　 = C1E20A0B9C2E5DA68C3D135E

n　　 = 4421C1E1C1E857D0A2B14C8A

P　　 = 9EE9C82BD756A72232DDEA1C

Q　　 = E696DBA37B67C6727E8B23AE

R　　 = 6475DCD2DB746F6CF8CE4FD1

芯片收到消息 P、Q 和 R 后，开始计算 R 并对阅读器进行认证，认证通过后，计算得到消息 S，并应答给阅读器：

S　　 = 6DAC809CA16BEF0F2906CA69

阅读器收到消息 S 后，开始对芯片进行认证，认证通过后，阅读器和芯片端将分别更新 K 及 IDS 的值为：

K_{new}　　 = 4E1C5E2D3F81AD902A0E998D

IDS_{new}　　 = C2F08812DE3EA12FB83E5097

此时，攻击者利用 Passive Attack 对截获得到的消息{IDS, P, Q, R, S}进行攻击，结果输出如下：

候选 K 列表长度为：2

['A2B71A42BA8F91A2DC3A6F24', 'EEA5DB816627DFA0BEC6A514']

候选 IDS_{new} 列表长度为：2

['C2F08812DE3EA12FB83E5097', 'C640F8E5F42D21B7070CDC84']

显然，攻击者已经成功获得两组备选密钥 K 及对应的 IDS。为了确认上述备选 K 中哪个为真实的 K，仍需攻击者继续监听下一认证会话，并通过截获芯片应答的 IDS 即可判定。如上述认证及攻击实验结果，该芯片下一认证会话时应答的 {IDS,IDS$_{old}$}={'C2F08812DE3EA12FB83E5097'，'1B2A03C18A90AD541C51B5C8'}，攻击者获取上述消息后，通过 IDS 的值即可判定第一个候选 K 为真正的密钥 K，即'A2B71A42BA8F91A2DC3A6F24'，显然，与本实验开始前阅读器和芯片共享的隐私信息 K 一致，即完成了对密钥的泄露攻击。

（2）去同步攻击风险　认证协议执行的第 3 步，在阅读器中检索 {IDS, IDS$_{old}$} 并更新 IDS$_{old}$、K$_{old}$ 的目的是抵抗去同步攻击，但是，检索的第二种和第三种结果将导致在本次认证会话开启前，先更新数据库中的隐私信息 {IDS$_{old}$, K$_{old}$}。其中，当第三种结果发生时，此时阅读器是无法直接获得芯片 K$_{new}$ 的，要想实现更新必须利用前一认证会话中的参数，根据密钥 K 的计算公式进行恢复计算，显然，此种操作存在两个问题：一是需要数据库完整地存储以前认证会话消息，以便用于此时的恢复计算；二是恢复计算需要增加额外的计算成本和检索时间，降低了协议的性能。

另外，当攻击者完成密钥 K 的破解后，可以干扰中断下一次正常认证会话，并开始冒充合法的阅读器向芯片发起冒名认证会话，在连续发送两次冒名认证会话后，将实现对 IoT-UMAP 协议的去同步攻击，合法的阅读器再也无法与芯片进行认证。

具体攻击序列如图 4-2 所示。阅读器与芯片之间正常进行两次认证会话，认证完成后芯片端的隐私信息为 {IDS=IDS2, K=K}、{IDS$_{old}$=IDS1, K$_{old}$=K}；阅读器端的隐私信息为 {IDS=IDS2, K=K}、{IDS$_{old}$=IDS0, K$_{old}$=K0}。然而，IoT-UMAP 协议对阅读器（数据库）中隐私信息的备份，即 old 值的更新，是在下一认证会话时进行，因此，阅读器（数据库）中的 old 值与芯片中的不同。攻击者在截获上述两次认证会话的消息后开始执行攻击，当破解得到真实的密钥 K2 后，其隐私信息为 {IDS=IDS2, K=K}、{IDS$_{old}$=IDS1, K$_{old}$=K}。此时，攻击者冒名发起第 3 次和第 4 次认证会话，由于芯片并不知道是攻击者，正常更新隐私信息。当第 4 次认证会话结束后，芯片的隐私信息更新为 {IDS=IDS4, K=K}、{IDS$_{old}$=IDS3, K$_{old}$=K}，此时，芯片的隐私信息与阅读器（数据库）中的完全不同，当阅读器再次向芯片发起合法认证会话时，芯片应答的 {IDS4, IDS} 在阅读器（数据库）中无法查找到匹配信息，即认为是非法芯片，从而导致阅读器和芯片完全失去同步。

4. 协议优化思路

（1）冗余隐私信息备份方案优化　利用冗余隐私信息，即存储 new 和 old 两份隐私信息，可以抵抗去同步攻击[19]。显然，在 IoT-UMAP 协议中也采用此种思想。但是对 old 隐私信息的更新方案具有很大的改进空间。

（2）假名 IDS 传送及检索方案优化　利用传送假名 IDS 来降低隐私泄露风险是一个好的选择，但 IoT-UMAP 协议中每次会话要求同时传送 {IDS, IDS$_{old}$} 两个值，但是对于正常认证的芯片而言，IDS$_{old}$ 值的传送没有任何意义。只有当芯片和阅读器之间存在去同步问题，需要进行重新同步时才有意义。因此，需要对该消息的传送及检索方案进行优化。

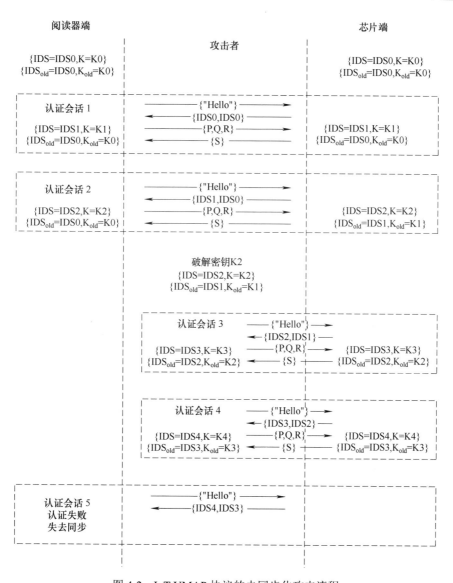

图 4-2　IoT-UMAP 协议的去同步化攻击流程

（3）降低公共传送消息的代数关系　上述分析表明，利用公开传送消息之间的代数关系，可以对 IoT-UMAP 协议的隐私信息进行逆向推导，然后再次利用公共传送消息进行验证，即可实现对隐私信息的破解。因此，有必要采用新的技术，降低公共传送消息间的代数关系，实现协议的抗隐私泄露攻击。

4.3　协议模型研究与设计

根据以上对 RFID 超轻量级双向安全认证协议的研究，基于 Gossamer 和 IoT-UMAP 两种典型的协议，充分保留上述两种协议的优势，同时避免它们的不足。本研究的目标是设计一个适用于物联网系统的计算更为简单、更加安全的 RFID 超轻量级双向认证协议。

4.3.1　协议设计理念

为了保证协议的安全性，本书提出的 RFID 超轻量级安全认证协议主要基于以下设计理念：公开传送消息避免泄露隐私信息、保证公开传送消息的新鲜性、降低公开传送消息之间的数学关系、认证被干扰后不影响后续认证过程。当然，为了满足超轻量级双向认证的要求，设计协议的计算成本、存储成本和通信成本越低越好。

根据以上对 UMAP 协议的分析，用索引假名 IDS 代替芯片真实的 ID 以防止直接暴露隐私信息是一个很好的选择。将随机数用于消息的计算，可以保证消息的新鲜性。MixBits (x, y)计算用于生成一个新的随机数，将新的随机数和原来的随机数分别用于不同消息的计算，可以抵抗攻击者利用公开传送消息之间的代数关系进行代数攻击。由于无线通信中存在潜在的攻击者，它们可以对所有认证会话发动窃听、重放、拦截、篡改等多种干扰攻击，导致认证过程会话存在异常或终止。因此，利用数据库和芯片端存储新旧两份密钥信息，可以有效抵抗去同步攻击，保证后续认证过程依然有效。因此，本书将综合利用上述技术提出一种新的适合于物联网应用的超轻量级双向安全认证协议。

4.3.2　模型定义

协议的认证实体分为三部分：阅读器、芯片、后台数据库。由于阅读器和后台数据库通常采用有线通信，并且均具有较高的计算性能和存储性能，可以采用较高级的安全技术保障双方的安全认证，因此，认为两者之间是安全的。相反，阅读器和芯片之间采用共享的无线信道进行信息传输，由于芯片的计算和存储性能受限，无法采用强力的安全措施，这为潜伏在两者之间的攻击者，通过主动攻击或被动攻击的方式破坏两者之间的安全通信提供了机会。为了便于描述，后续将阅读器和后台数据库认为是一个整体，统一表述为阅读器。本书假设，在阅读器和芯片端都同时存储{IDS$_{old}$, K$_{old}$}、{IDS$_{new}$, K$_{new}$}两份密钥信息，其中 IDS 为芯片真实 ID 对应的索引假名，IDS 主要用于阅读器对芯片的密钥信息进行检索，以上每个隐私信息的长度均为 96 比特。

根据对超轻量级双向认证协议的分析，结合 RFID 认证协议的类型划分，为了满足芯片对低计算成本的要求，本书提出的 RFID 双向认证协议只采用异或（⊕）、循环左旋转 Rot (x, y)和混合移位 MixBits (x, y)三种简单计算，因此，本协议属于超轻量级协议。

双向认证由阅读器驱动发起，整个认证过程共分为芯片识别、双向认证和隐私更新三个阶段。其中，双向认证包括芯片对阅读器的认证和阅读器对芯片的认证，由双方之间传送的加密后的公共消息来实现。当一方对另外一方的认证失败后，本次认证会话异常终止；当芯片完成对阅读器的认证后，芯片进入隐私更新阶段，芯片存储的隐私信息先备份再进行更新；当阅读器完成对芯片的认证后，也是先备份再进行更新。

4.3.3　超轻量级双向安全认证协议设计

本书受到 IoT-UMAP 协议、Gossamer 协议的启发，在继承两种协议优点的同时，结合协议设计理念和模型定义，重点解决两种协议的不足，同时尽可能降低协议的存储、计算和通信成本，以满足物联网系统对超轻量级安全认证协议的要求，设计了一种新型超轻量级双向安全认证协议，称为 NIoT-UMAP。该协议的具体描述如图 4-3 所示。

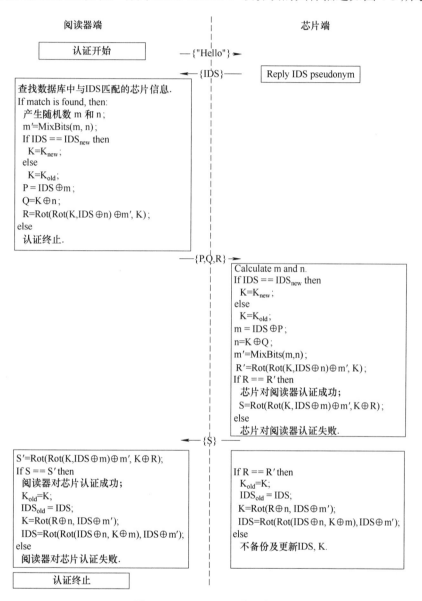

图 4-3　NIoT-UMAP 协议描述

根据图 4-3 描述的协议可知，本认证协议由阅读器端驱动发起，具体步骤如下：

1）阅读器向芯片发送消息"Hello"。

2）如果上一认证会话成功结束，则芯片应答当前假名 IDS 给阅读器；如果上一认证会话未成功结束，又收到了消息"Hello"则应答旧假名 IDS_{old} 给阅读器。

3）阅读器收到 IDS 后检索本地的 IDS 与接收到的 IDS 是否匹配，如果匹配，说明阅读器和芯片之间前序认证完整正确，进入步骤 4 进行后续处理；如果不匹配，则再执行步骤1）。

4）阅读器产生两个随机数 m 和 n，并用 m 加密生成消息 P，n 加密生成消息 Q；同时，用 m 和 n 作为 MixBits 函数参数，生成一个新的随机数 m′，用于加密生成消息 R；然后，将消息{P, Q, R}发送给芯片。

5）芯片收到消息{P, Q, R}后，通过消息 P 提取随机数 m，消息 Q 提取随机数 n，同时，用提取的 m 和 n 作为 MixBits 函数参数，生成一个新的随机数 m′，并计算消息 R′；然后，判断计算得到的 R′与接收到的 R 是否一致，如果一致，则芯片对阅读器认证成功，计算消息 S 并发送给阅读器；如果不一致，则芯片对阅读器认证失败，认证会话终止。

6）阅读器收到消息 S 后，利用当前会话中的隐私信息计算 S′，并判断 S′与 S 是否一致，如果一致，则阅读器对芯片认证成功；如果不一致，则阅读器对芯片认证失败，认证会话终止。

7）在芯片对阅读器的认证通过和阅读器对芯片的认证通过后，各自备份本地的{IDS_{old}, K_{old}}，同时更新{IDS, K}。

4.4　协议安全性及性能评价

从信息安全的角度来看，保证消息的完整性、机密性和匿名性是基本的安全要求，同时，认证协议的设计不仅要提供安全认证机制，还要尽可能防御多种攻击。本节通过以上评价指标对 NIoT-UMAP 协议进行安全性分析。

因在不同的协议中采用不同的变量名称及符号，例如，IDS、IDS_{new} 和 IDS_{next} 三者的含义相同，为了更准确、简洁地表述本节内容，后续统一用 IDS_{new} 进行表述。同时，每个消息的长度 L 统一定义为 96 比特。计算运算符的"逻辑异或（XOR/⊕）"运算统一由"⊕"表示、"逻辑与（AND/∧）"运算统一由"∧"表示、"逻辑或（OR/∨）"运算统一由"∨"表示。由于阅读器的存储性能、计算性能较好，本书不做重点讨论，此处重点讨论芯片实现双向认证协议下的通信成本、存储成本和计算成本。

4.4.1　安全性能评价

1. 机密性

本协议中公开传送的消息都经过了加密处理。例如，阅读器与芯片之间传送的 IDS 为芯片的索引假名，仅用于阅读器对芯片真实的 ID 和隐私信息进行检索；消息 P = IDS⊕m 是假名与随机数 m 进行异或的结果；消息 Q=K⊕n 是共享密钥 K 与随机数 n 进行异或的结果；消息 R=Rot (Rot (K, IDS⊕n)⊕m′, K)是密钥 K 经过双旋转 Rot 计算后的结果；消息 S=Rot (Rot (K, IDS⊕m)⊕m′, K⊕R)是密钥 K 经过双旋转 Rot 计算后的结果。经过不同随机数和密钥加密后得到的消息保证加密消息的机密性，即使被攻击者监听到，也不能轻易得到消息内容。

2．数据完整性

本协议公共传送的消息包括 P、Q、R 和 S，其中，P 和 Q 主要用于双方实现对两个随机数 m 和 n 的传递，同时，R 和 S 采用了仅用于内部计算的随机数 m′参与计算，是实现通信双方数据完整性的重要手段。只有合法的阅读器才拥有双方共享的密钥 K，其计算得到的 P、Q 和 R 才能被芯片认证通过；同理，也只有唯一合法的芯片才能计算得到符合正确的 S，以保证合法阅读器验证通过。

3．匿名性

在每个认证会话成功结束后，芯片和阅读器同时更新假名 IDS 和隐私信息{IDS，K}，借助于当前的三个随机数 m、n 和 m′参与计算，保证隐私信息和公开传送消息同时具有隐匿性，每次认证会话中传送的 IDS 仅是芯片真实 ID 的索引假名，并且都不相同。

4.4.2　抗攻击性能评价

1．抵御中间人攻击

中间人攻击包括被动攻击和主动攻击。被动攻击主要用于窃听消息，主动攻击则会篡改消息。本认证协议中，如果中间人对公开传送的消息进行篡改，如修改 P、Q、R 或 S，由于攻击者无法全部获取计算过程中的三个随机数和密钥 K，将导致一方对另外一方的认证失败，认证协议终止。

2．抵御重放攻击

在每次认证会话后，阅读器和芯片同时更新新旧两份隐私信息{IDS$_{old}$，K$_{old}$}、{IDS，K}，同时下次认证会话中会将 IDS 和 K 与新生成的随机数参与不同消息的计算，如果攻击者向任何一方重放以前认证会话消息，由于 IDS 和 K 的值已经更新或者随机数并不相同，最终将导致认证失败而协议终止。

另外一种特殊情况：假设双方上一认证会话中消息 S 被拦截或干扰，导致阅读器未完成对芯片的认证情况。此时芯片已经完成对阅读器的认证，并更新了{IDS$_{old}$，K$_{old}$}、{IDS，K}，攻击者冒名合法的阅读器向芯片发起新的认证，当芯片应答 IDS 时，攻击者假装不存在并要求发送旧的 IDS$_{old}$，此时，攻击者重放上一认证会话窃听的消息{P，Q，R}，由于以上消息是由合法阅读器计算生成，并且加密密钥 K$_{old}$ 也是合法的，芯片会成功完成对阅读器的认证。从认证流程上来分析，上述重放攻击成功了，但其实芯片完成认证后更新的隐私信息并未发生变化，因此，从实际攻击结果来分析，重放攻击并未成功，因为阅读器和芯片下次依然可以实现同步。

3．抵御跟踪攻击

索引假名 IDS 是协议可以抵抗追踪攻击的重要手段。每次认证会话结束后，芯片和阅读器同时更新假名 IDS，从而确保了每次认证会话中传送的 IDS 都不相同，从而导致无法通过 IDS 实施追踪攻击。

4．抵御去同步攻击

阅读器与芯片采用无线信道通信，攻击者可以潜伏在两者之间，当攻击者干扰或拦截消息 S 传送时，会导致认证协议异常终止。同时，可以通过重放以前认证会话的消息实施去同步攻击。以上两种情况，都可能导致阅读器与芯片的隐私信息失去同步的问题。

但是，如上述分析，在阅读器和芯片同时存储新旧两份隐私信息，即使消息 S 被中断导致阅读器的隐私信息更新异常，在下次的认证会话中双方依然可以采用旧的备份隐私信息进行加密，从而完全可以抵御两种情况下的去同步攻击。

5．抵御泄露攻击

本书将参与消息计算但未直接公开传送的信息称为隐私信息，包括 m、n、m′、K，为了保证协议安全，如何保证以上隐私信息不被完全泄露成为关键问题。对攻击者而言，可以任意获取公开传送的消息 IDS、P、Q、R 和 S，根据公开传送的消息 P 和 IDS 可以得到隐私信息 m，即 $m = IDS \oplus P$；隐私信息 n 却依赖于隐私信息 K，即 $n = K \oplus Q$；隐私信息 K 参与了公开消息传送消息 R 的计算，即 $R = Rot\,(Rot\,(K, IDS \oplus n) \oplus m′, K)$，要通过 R 来得到隐私信息 K，又依赖于隐私信息 n 和 m′，同时隐私信息 m′ 又依赖于隐私信息 n，并且 m′仅是隐私信息内部计算的结果。因此，隐私信息之间相互依赖使得攻击者无法破解隐私信息，保证本协议可以抵抗隐私泄露攻击。

4.4.3　通信性能评价

不同于只统计认证阶段的通信成本[81]，本书将双向认证会话发起后，芯片应答开始直至会话结束所有的通信都计算在内。表 4-1 给出了 NIoT-UMAP 协议与其他现有协议性能指标对比，SASI、Gossamer 和 NIoT-UMAP 的通信成本为 5L，但是 IoT-UMAP 协议的通信成本为 6L。这主要是因为，IoT-UMAP 每次都将假名 IDS_{old} 和 IDS_{new} 一起应答给阅读器，尽管其目的是用于抵御去同步攻击，但对正常认证的合法芯片而言，显然增加了额外的通信成本。相比其他几个同类协议，IoT-UMAP 协议的通信成本增加了 20%，这显然会影响整个 RFID 系统的性能。因此，NIoT-UMAP 协议延用其他同类协议的假名传送策略，以保证本协议通信的低成本。

表 4-1　NIoT-UMAP 协议与其他现有协议性能指标对比

性 能 指 标	SASI	Gossamer	IoT-UMAP	NIoT-UMAP
计算类型	+,⊕, OR(∨), Rot	+,⊕, AND(∧), MixBits, Rot	⊕, Rot	⊕, Rot, MixBits
通信成本	5L	5L	6L	5L
存储成本	12L	15L	8L	9L
抵御中间人攻击	Yes	Yes	Yes	Yes
抵御重放攻击	No	Yes	No	Yes
抵御跟踪攻击	No	No	Yes	Yes
抵御去同步攻击	No	Yes	No	Yes
抵御泄露攻击	No	Yes	No	Yes

4.4.4　存储性能评价

从持久存储和临时存储两个角度来分析，NIoT-UMAP 协议要求每个芯片除了要持久地存储芯片真实 ID、IDS_{old}、IDS_{new}、K_{old} 和 K_{new} 之外，还要同时存储协议执行过程中的临时变量，包括随机数 m、n、m′ 等。同类协议的存储成本分别计算如下：

对 SASI 协议而言，持久存储包括 ID、IDS_{old}、IDS_{new}、K1、$K1_{old}$、K2 和 $K2_{old}$，合计为 7L；临时存储包括密钥 $\overline{K1}$、$\overline{K2}$，随机数 n1 和 n2，以及消息 D，合计为 5L。因此，其存储成本共计 12L。

对 Gossamer 协议而言，持久存储包括 ID、IDS_{old}、IDS_{new}、K1、$K1_{old}$、K2 和 $K2_{old}$，合计为 7L；临时存储包括随机数 n1、n2、n3、n1′ 和 n2′，密钥 $K1^*$ 和 $K2^*$，以及消息 D，合计为 8L。因此，其存储成本共计 15L。

对 IoT-UMAP 协议而言，持久存储包括 ID、IDS_{old}、IDS_{new}、K 和 K_{old}，合计为 5L；临时存储包括随机数 m、n，以及消息 S，合计为 3L。因此，其存储成本共计 8L。

对 NIoT-UMAP 协议而言，持久存储包括 ID、IDS_{old}、IDS_{new}、K 和 K_{old}，合计为 5L；临时存储包括随机数 m、n、m′，以及消息 S，合计为 4L。因此，其存储成本共计 9L。

见表 4-1，IoT-UMAP 协议的存储成本最低为 8L，NIoT-UMAP 协议的存储成本为 9L，相比 Gossamer 协议降低了 40%，相比 SASI 协议降低了 25%，相比 IoT-UMAP 协议增加了 12.5%。这主要是因为，NIoT-UMAP 协议以存储空间换安全性能，将 MixBits 函数引入消息的加密计算中，以保证认证消息的新鲜性、提高协议的抵抗攻击性能。

4.4.5　计算性能评价

从消息计算的角度，重点对芯片端的计算进行统计分析。由于同类协议中都需要芯片端提取随机数，如 m 和 n 等，并将其用于后续消息的计算，同时，当芯片成功完成对阅读器的认证时所需计算最多，因此，此处重点对比分析一个成功认证会话中芯片端的计算成本，结果见表 4-2。

表 4-2　协议整体计算成本对比

协　议　过　程	SASI	Gossamer	IoT-UMAP	NIoT-UMAP
芯片对阅读器认证	3	8	4	4
阅读器对芯片认证	4	8	4	5
双向认证	18	47	18	20

对于双向认证协议而言，芯片对阅读器的认证是第一步，如果此步认证失败，则认证协议终止。因此，芯片对阅读器的认证计算应该越快越好。四种协议中，SASI 协议和 Gossamer 协议的消息 C 用于芯片对阅读器的认证，IoT-UMAP 协议和 NIoT-UMAP 协议中的消息 R 用于芯片对阅读器的认证。从消息 C 和消息 R 的计算来看，SASI 协议中"+"计算 1 次、"⊕"计算 2 次，合计 3 次；Gossamer 协议中"+"计算 4 次、"Rot"计算 2 次、"⊕"计算 2 次，合计 8 次；IoT-UMAP 协议中"Rot"计算 2 次、"⊕"计算 2 次，合计 4 次；NIoT-UMAP 协议中"Rot"计算 2 次、"⊕"计算 2 次，合计 4 次。由此可知，对于芯片对阅读器认证而言，SASI 协议计算最少，而受 SASI 协议启发的 Gossamer

协议计算最多，IoT-UMAP 协议和 NIoT-UMAP 协议仅为 Gossamer 协议计算的 50%。因此，NIoT-UMAP 协议中芯片对阅读器认证的计算成本在同类协议中保持了低成本优势。

同理，阅读器对芯片的认证分别依赖于消息 D 和消息 S，在四种协议中，SASI 协议和 Gossamer 协议分别需要计算 4 次和 8 次，IoT-UMAP 协议和 NIoT-UMAP 协议分别需要计算 4 次和 5 次。显然，上述分析结论仍然可以成立。

从协议整体的双向认证计算来看，类似同量级的双向认证协议采用不同的计算，其计算数量见表 4-2。其中，SASI 协议在芯片端总共需要执行"+"计算 2 次、"⊕"计算 12 次、"∨"计算 2 次、"Rot"计算 2 次，共计 18 次；Gossamer 协议在芯片端共需执行"+"计算 28 次、"⊕"计算 4 次、"Rot"计算 12 次、"MixBits"计算 3 次，共计 47 次；IoT-UMAP 协议芯片端共需执行"⊕"计算 11 次、"Rot"计算 7 次，共计 18 次；NIoT-UMAP 协议芯片端共需执行"⊕"计算 12 次、"Rot"计算 7 次、"MixBits"计算 1 次，共计 20 次。显然，SASI 和 IoT-UMAP 协议的计算成本最低，但由于存在安全漏洞，优化后的 NIoT-UMAP 协议计算增加了 2 次，但在 4 种同类协议中，依然具有低计算成本的优势。

由以上分析可知，NIoT-UMAP 协议在同类双向安全认证协议中，在保证安全性的同时，具有较低的计算成本，完全能满足 RFID 超轻量级安全认证的需求。

4.5 小结

本章对 RFID 超轻量级安全认证协议的安全性、低成本进行了深入研究。通过对超轻量级安全认证协议中典型的计算类型、典型协议的研究，重点分析了适用于物联网应用的超轻量级 IoT-UMAP 协议的流程及安全性。基于已有协议的安全性和低成本优势，为了降低协议的安全风险，提出了一种优化的适用于物联网的 RFID 超轻量级双向安全认证协议。

为了满足物联网的低成本要求，NIoT-UMAP 协议采用符合超轻量级安全认证协议要求的按位"⊕"计算、"Rot"计算和"MixBits"计算，保证从整体和两个单向认证过程都具有较低的计算成本。同时，NIoT-UMAP 协议的通信成本在同类协议中最低，相比 IoT-UMAP 协议降低了 20%；存储成本相比 Gossamer 协议降低了 40%，相比 SASI 协议降低了 25%，相比 IoT-UMAP 协议增加了 12.5%，这主要是因为引入了 MixBits 函数导致，但是却可以更好地保证消息的新鲜性。

第 5 章 面向静态场景的 RFID 高效防碰撞算法

5.1 引言

在畜禽养殖场景中,根据携带有无源植入式芯片的畜禽是否移动,可以分为静态场景和动态场景。静态场景中无源植入式芯片的数量相对稳定,如集中式圈舍下的畜禽,在相对小的空间内保持不动,为了降低系统建设成本并提高设备利用率,可以在圈舍内设置带轨道的移动式阅读器,定时定点快速读取畜禽身份及体温等信息;相反,在动态场景中,携带有无源植入式芯片的畜禽处于随机移动状态,比如奔向饮水或进食地点、成群进入或离开圈舍、奶牛挤奶站等,该种场景下一般在圈舍门口、饲喂站点等处配备固定式阅读器,持续读取经过的畜禽身份及体温等信息。在静态场景中,芯片的数量、位置相对稳定,目前现有的防碰撞算法主要解决这类问题;对静态场景下的防碰撞算法而言,研究的重点是降低芯片碰撞发生的概率以提高成功时隙的占比,从而提升芯片成功识别的概率,最终提升算法的识别速度。基于 ALOHA 的防碰撞算法,通过优化待识别芯片数量的估计模型,从而改进算法的帧长调整策略,提高了成功时隙的占比、提升了算法的性能。因此,研究基于该类型的高效防碰撞算法对于静态场景下的芯片快速识别、降低系统建设成本具有重要意义。

为了降低算法的计算成本,保持算法通用性,本章提出了一种新的低成本快速 RFID 芯片防碰撞算法。首先,研究经典的 Q 算法、帧长调整策略、芯片数估计模型、时间效率和系统效率等;其次,拟定算法基本设计思想、低计算成本芯片数量估计模型和动态帧长调整策略;最后,提出算法并进行 MATLAB 仿真验证。

5.2 算法基础模型研究

5.2.1 标准 Q 防碰撞算法

如图 5-1 所示[125],标准 Q 防碰撞算法通过增大或减小每个时隙中的 Q 值来调整帧长 $L(2^Q)$。Q 值的调整取决于参数 C。当没有芯片响应时,说明帧长太大,应该从 Q 中减去 C;当有多个芯片响应时,说明帧长太小,应该在 Q 中增加 C。否则,Q 值不改变。显然,参数 C 是影响帧长的一个关键因素,但 EPC C1G2 标准对此没有明确解释[97]。研究认为,C 的典型范围是从 0.1 到 0.5。当 Q 值较大时,C 减小;相反,如果 Q 值很小,则 C 增加[125]。因此,对于 Q 算法,参数 C 的调整和最优帧长调整策略是研究的重点。

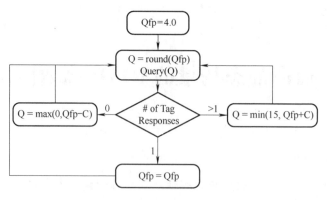

图 5-1　标准 Q 防碰撞算法

5.2.2　帧长调整策略

对于 DFSA 算法，帧长调整的合理性决定了其系统效率。帧长调整策略大致可分为两类：逐帧[96,127,128]和逐时隙[102,125]策略。为了准确地确定 Q 值，提出了在每个时隙结束时准确地估计芯片的数量并据此选择最优 Q 值的方案[97]，然而，该方案的计算复杂度高于 Q 算法。为了减少每个时隙的估计复杂度，并获得最佳帧长调整位置，设置最佳帧长检查点策略是一个重要突破。例如，帧长 L 的 1/4、1/2 和 3/4 等点被用作检查点。在每一帧识别过程中，只在某一时隙设置一个最优帧长检查点来调整最优帧长[98]。研究认为，由于 EPC C1G2 标准使用不等长的时隙，当碰撞时隙的持续时间是空闲时隙的 5 倍时，L/5 位置的时隙被用作最佳帧长检查点，可以保证系统效率更优[99]。碰撞时隙和空闲时隙的持续时间和发生概率也是影响识别时间的两个重要因素，其中碰撞时隙和空闲时隙的概率为 e^{-2}[129]。利用碰撞时隙调整参数 C_{coll} 和空闲时隙调整参数 C_{idle} 代替单参数 C[100]，可以提高算法的性能。基于子帧思想的算法[101-103]也被提出，如 SUBF-DFSA（Sub-frame-based Dynamic Frame Slotted ALOHA）算法[101]使用经验值来估计芯片的数量，但是精度不高[102]，采用 Schoute 的是芯片数量估计模型的 ds-DFSA（detected-sector-based Dynamic Framed Slotted ALOHA）算法[103]，但需要修改或添加新的指令。为了解决上述问题，提出了基于动态子帧的最大后验概率决策算法 DS-MAP（Dynamic Sub-frame Based Maximum A Posteriori Probability Decision），它将帧划分为若干个子帧。然后，仅在第一个子帧的末尾估计帧中所有芯片的数量。如果芯片的数量与当前帧长 L 对应的最佳数量区间相匹配，则算法跳转到传统的 DFSA 模式，并在此模式下运行，直到帧结束；否则，Q 值根据剩余芯片的数量进行调整，并且打开新的帧。

5.2.3　芯片数量估计模型

目前，传统的芯片数量估计模型主要基于概率分布理论[92,128,192]。假设 n 个芯片在长度 L 的帧中均匀分布，并且每个时隙中可能分布的芯片数量服从二项式分布，即概率为 $1/L$ 的 n 重伯努利实验[96]。

$$B(r) = \binom{n}{r}\left(\frac{1}{L}\right)^r \left(1-\frac{1}{L}\right)^{n-r}$$

（5-1）

这里，当 $r=0$ 时，表示没有芯片响应的空闲时隙；当 $r=1$ 时，表示只有一个芯片响应的成功时隙；当 $r>1$ 时，表示多个芯片同时响应的碰撞时隙。识别过程中成功、碰撞和空闲时隙的概率分别用 P_S、P_C 和 P_E 表示。L 个时隙中成功、碰撞和空闲时隙数的期望值分别为 E_S、E_C 和 E_E，计算公式分别如下：

$$P_S = B(1) = \frac{n}{L}\left(1-\frac{1}{L}\right)^{n-1} \tag{5-2}$$

$$P_E = B(0) = \left(1-\frac{1}{L}\right)^{n} \tag{5-3}$$

$$P_C = 1 - P_S - P_E \tag{5-4}$$

$$E_S = LP_S = n\left(1-\frac{1}{L}\right)^{n-1} \tag{5-5}$$

$$E_E = LP_E = L\left(1-\frac{1}{L}\right)^{n} \tag{5-6}$$

$$E_C = LP_C = L\left[1-\frac{n}{L}\left(1-\frac{1}{L}\right)^{n-1}-\left(1-\frac{1}{L}\right)^{n}\right] \tag{5-7}$$

因为每个试验有三个独立结果：空闲、成功和碰撞，因此，估计芯片的数量这个问题可以用具有重复独立试验的多项式分布来建模，进而提出了最大后验概率决策（Maximum A Posteriori Probability Decision，MAP）模型[96]，计算公式如下：

$$P(\hat{n} \mid E_E, E_S, E_C) = \frac{L!}{E_E!E_S!E_C!} P_E^{E_E} P_S^{E_S} P_C^{E_C} \tag{5-8}$$

其中，$\hat{n}$ 是芯片数量的估计结果，当 E_S、E_C 和 E_E 事件发生时 $\hat{n}$ 可以取得最大概率为 P。然而，也有研究认为成功、碰撞和空闲事件的发生是相互依存的。因此，提出了一种改进的 MAP 模型[193]。

$$P(\hat{n} \mid E_E, E_S, E_C) = \left(\frac{L!}{E_E!E_S!E_C!}\right) P_1(E_E)P_2(E_S \mid E_E)P_3(E_C \mid E_E, E_S) \tag{5-9}$$

Vogt[192]基于期望值和实际识别结果之间的最小距离来估计芯片的数量，以上这些方法都用于估计所有芯片的数量，然而，Schoute 提出了只估计发生碰撞的芯片数量的模型，认为当系统效率最大化时，未识别的芯片数量理论极限是碰撞时隙数量的 2.39 倍[128]。这是因为，假设参与一帧识别的芯片个数为 n，在帧结束后成功识别的芯片数量为 E_S、碰撞时隙数量为 E_C、则未识别的芯片个数为 $n-E_S$，因此，每个碰撞时隙的平均芯片数量 N_{avgC} 可以计算为：

$$N_{avgC} = \frac{n-E_S}{E_C} \tag{5-10}$$

将式（5-5）和式（5-7）代入上述公式可得：

$$N_{avgC} = \frac{n - n\left(1 - \frac{1}{L}\right)^{n-1}}{L\left[1 - \frac{n}{L}\left(1 - \frac{1}{L}\right)^{n-1} - \left(1 - \frac{1}{L}\right)^{n}\right]} \qquad (5\text{-}11)$$

因此,式(5-11)也被用于分析基于 EPC C1G2 标准的每个碰撞时隙中碰撞芯片的数量。理论分析表明,当 n 等于 L 时,算法可以取得最大的系统效率[22],即 $1/e \approx 0.368$。同时,当 n 足够大时,极限值为:

$$\lim_{n \to \infty}\left(1 - \frac{1}{n}\right)^{n} \approx \lim_{n \to \infty}\left(1 - \frac{1}{n}\right)^{n-1} \approx \frac{1}{e} \qquad (5\text{-}12)$$

将式(5-12)带入式(5-11)可以化简得到在取得最大系统效率时,$N_{avgC} \approx 2.39$。

研究认为,尽管改进的 MAP 模型可以进一步提高精度,但是 MAP 模型可以将误差控制在 5%以内,这是几种估计方法中的最小误差[194]。同时,理论分析表明,对于基于 EPC C1G2 标准的算法而言,18%的芯片数量估计误差只影响算法系统效率的 0.7%[97]。因此,MAP 模型仍然得到了广泛的应用。毫无疑问,Schoute 模型的最大优点是计算简单,更适合于资源受限的物联网系统。

5.2.4 时间效率和系统效率模型

对于基于 EPC C1G2 标准的防碰撞算法而言,识别过程中成功、碰撞和空闲时隙的持续时间不同[125]。因此,基于时间因素的性能评估是十分必要的。时间效率 U_T 定义为成功时隙占用的识别时间与总识别时间的比率[99,127],计算公式为:

$$U_T = \frac{N_S T_S}{N_S T_S + N_E T_E + N_C T_C} \qquad (5\text{-}13)$$

其中,N_S、N_E 和 N_C 分别表示帧识别结束时的成功、空闲和碰撞时隙的数量;T_S、T_E 和 T_C 分别表示成功、空闲和碰撞时隙的持续时间。尽管理论分析表明,当芯片个数等于帧长时,可以获得最优的系统效率,但 T_S、T_E 和 T_C 的值会影响算法的时间效率 U_T。例如,当 $T_C / T_E = 5$ 时,最佳帧长应为芯片数量的 1.89 倍[99]。

系统效率 U_S 是指成功时隙数与总时隙数的比率,也就是说,当 T_S、T_E 和 T_C 相等时,式(5-13)可简化为:

$$U_S = \frac{N_S}{N_S + N_E + N_C} \qquad (5\text{-}14)$$

在理论分析中,假设期望值与实际值一致,则将式(5-5)、式(5-6)、式(5-7)代入式(5-14)中,得:

$$U_S = \frac{n}{L}\left(1 - \frac{1}{L}\right)^{n-1} \qquad (5\text{-}15)$$

其中,n、L 和 U_S 分别表示参与帧识别的芯片数量、帧长和系统效率。可以看出,识别相同数量的芯片,不同的帧长 L 可以取得不同的系统效率。图 5-2 展示了对于相同数量的芯片,不同帧长时的算法系统效率。例如,当芯片数量为 200 时,帧长 $L = 128$ 和 256 时都可以取得相近的系统效率；但是，当芯片数量为 300 时，帧长 $L=256$ 时可以取得最高的系统效率。由此可知，当帧长接近芯片数量时，可以取得更优的系统效率。

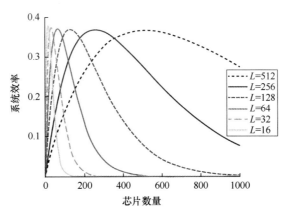

图 5-2　理论系统效率

5.3　静态高效防碰撞算法设计

本节介绍了基于子帧和效率优先的高效防碰撞算法，称为 SUBEP-Q 算法。该算法将一帧分成较短的多个子帧，在每个子帧识别完成后，快速准确地估计出该帧中所有芯片的数量。然后，利用估计结果对当前帧长是否为最优进行判断，如果最优，则继续执行；否则，终止当前帧，重置最佳帧长并开启新帧的识别。

5.3.1　算法设计思想

由于基于 EPC G2 和 ISO/IEC 18000—63 标准的 RFID 技术已经广泛应用于各种物联网设备和管理系统中，为了实现算法与现有基础设施之间的兼容性和可维护性，所提出的算法遵循以下设计思想：

1）算法的指令、参数与 EPC G2 和 ISO/IEC 18000—63 标准兼容，保证算法的通用性。

2）为了保证算法的性能，计算复杂度尽可能低。

3）采用一种更灵活的帧长调整策略来提高算法的系统效率。

5.3.2　低计算成本芯片数量估计模型

为了减少芯片数量估计模型的计算复杂度，提出了一种基于子帧的 DS-MAP 估计模型[102]。首先，将帧划分为 K 个子帧，并认为芯片均匀地分布在每个子帧中。因此，在第一个子帧结束时，用 MAP 模型估计在第一个子帧中的芯片数 $\hat{n}$。然后，该帧中的芯片总数估计为 $\hat{n} \times K$。虽然 MAP 模型的精度很高，但是该方法会把估计误差放大 K 倍。更重要的是，在任何子帧识别结束时，成功识别芯片的数量 N_S 是已知的，因此，在估计过程中应尽量排除已知因素的干扰，只需估计未知芯片的数量。Schoute 估计模型可以解决这个问题，基于该模型提出了一种简单的、可以在任何时隙结束时估计芯片数量的方法，称为 Chen 估计模型[97]。

$$\hat{n} = (N_{\text{Si}} + kN_{\text{Ci}})\left(\frac{L}{i}\right) \tag{5-16}$$

其中，$\hat{n}$ 是参与该帧识别的所有芯片数量，可以在该帧中的任何第 i 个时隙结束时进行估计；N_{Si} 和 N_{Ci} 表示当前成功时隙和碰撞时隙的数量；L 和 i 分别表示帧长和当前时隙；参数 k 是每个碰撞时隙中发生碰撞的芯片数量 N_{avgC}，根据 Schoute 算法的分析可知为 2.39。

因此，DS-MAP 模型可以通过子帧来估计所有芯片的数量，Chen 估计模型可以通过时隙来估计所有芯片的数量。两者都能取得很好的效果。显然，Chen 估计模型更灵活，计算复杂度较低。对这两种估计模型进行仿真的结果如图 5-3 所示。为了保证结果的准确性，取算法执行 500 次后的平均值。

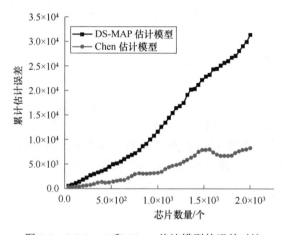

图 5-3　DS-MAP 和 Chen 估计模型的误差对比

如图 5-3 所示，Chen 估计模型比 DS-MAP 估计模型具有更小的误差和更好的稳定性。这主要是因为，虽然两种估计模型都估计芯片的总数，但 Chen 估计模型排除了已知因素的干扰，即成功识别芯片的数量，而只估计未知的未识别芯片的数量。相比之下，DS-MAP 估计模型包含已知因素，导致较大的误差。因此，在本书提出的 SUBEP-Q 算法中成功地将 Chen 估计模型应用于基于子帧和系统效率优先级的防碰撞算法中。实验结果表明，该方法具有较高的系统效率和快速的识别能力。

5.3.3　动态自适应帧长调整策略

对于 DFSA 算法，帧长的合理性直接决定其系统效率。根据式（5-15），通过仿真可以得到不同帧长的最优系统效率曲线，如图 5-2 所示。基于 EPC C1G2 标准算法的帧长只能是 2 的倍数。显然，Q 算法不能保证帧长与芯片的数量完全相同，这意味着理论上的最大值无法达到，在两个相邻 Q 值之间只能得到次优值，最大值为 0.361[97]，但是，可以计算得到与两个相邻 Q 值相对应帧长适用的最优芯片数量区间。通过式（5-17）和式（5-18）可以求得两个相邻帧长的最优芯片数量和系统效率区间，见表 5-1。例如，当 $Q = 8$ 时，帧长为 256，如果芯片数量为 178～355，系统效率将得到优化。

$$\frac{n}{L_{i-1}}\left(1-\frac{1}{L_{i-1}}\right)^{n-1}=\frac{n}{L_i}\left(1-\frac{1}{L_i}\right)^{n-1} \tag{5-17}$$

$$\frac{n}{L_i}\left(1-\frac{1}{L_i}\right)^{n-1}=\frac{n}{L_{i+1}}\left(1-\frac{1}{L_{i+1}}\right)^{n-1} \tag{5-18}$$

毫无疑问，Q 算法在每个时隙识别之后，通过增加或减去与碰撞时隙或空闲时隙对应的参数 C 来调整 Q 值，这种帧长调整策略并未充分考虑帧的最优系统效率。例如，如果某个时隙是碰撞时隙，同时估计的芯片数量位于当前 Q 值的最佳芯片数量区间内，此时，如果加上参数 C 后 Q 值发生改变，将导致帧长的不合理调整，反而会降低系统的效率。因此，针对传统的 DFSA 算法逐帧调整策略不能及时调整帧长及 Q 算法逐时隙调整策略引起的系统效率下降问题，提出了一种基于子帧和系统效率优先的动态自适应帧长调整策略，其目的在于同时保证帧长调整的灵活性和算法系统效率的高效性。

首先，将每个帧长 L 划分为若干个子帧，每个子帧长为 L_{sub}，在每个子帧识别完成后，使用式（5-16）来估计帧中芯片的数量 N_{est}。然后，用 N_{est} 和表 5-1 中 Q 值对应的最佳芯片数量区间来确定当前帧长是否最优，也就是说，如果当前芯片的数量 N_{est} 在当前 Q 值最佳芯片数量区间内，则不必调整 Q 值；否则，根据 N_{est} 对应的最佳芯片数量区间选择新的 Q 值，并开始新一帧的识别。

显然，子帧的长度决定了帧长调整的频率，如果子帧长太长，则帧长调整不够及时；相反，如果子帧长太短，则会频繁调整帧长导致系统效率下降。因此，子帧长的选择对算法的系统效率有着重要的影响。见表 5-1，当 Q 值超过 6 时，帧长对系统效率的影响逐渐减小，而且差距很小，而当 Q 值超过 9 时，系统效率保持在 0.3467 左右，几乎不再变化。因此，基于 Q 值对应的最优系统效率，该算法采用以下子帧长 L_{sub} 选择策略。

$$L_{sub}=\begin{cases}2, & Q=1\\4, & 2<Q\leqslant4\\8, & 4<Q\leqslant6\\16, & 6<Q\leqslant8\\32, & 8<Q\leqslant10\\64, & 10<Q\leqslant15\end{cases} \tag{5-19}$$

表 5-1　基于系统效率的最优帧长和子帧长

Q 值	帧长（2^Q）	子帧长	最优芯片数量区间	系统效率区间
1	2	2	1~3	—
2	4	4	4~5	0.4091~0.3759
3	8	4	6~11	0.3759~0.3618
4	16	4	12~22	0.3618~0.3536
5	32	8	23~44	0.3536~0.3501
6	64	8	45~88	0.3501~0.3483
7	128	16	89~177	0.3483~0.3474

（续）

Q 值	帧长（2^Q）	子帧长	最优芯片数量区间	系统效率区间
8	256	16	178~355	0.3474~0.3470
9	512	32	356~710	0.3470~0.3468
10	1024	32	711~1420	0.3468~0.3467
11	2048	64	1421~2839	0.3467~0.3466
12	4096	64	2840~5678	0.3466
13	8192	64	5679~11355	0.3466
14	16384	64	11356~22713	0.3466
15	32768	64	22714~45426	—

见表 5-1，当子帧长为 64，芯片的最优数量大于等于 1421，子帧的系统效率可以保证在 0.3483 以上。因此，这种选择方法既能满足大量芯片的应用需要，又能保证算法具有较高的系统效率。

5.3.4 基于子帧和效率优先的防碰撞算法

本节将详细介绍所提出的基于子帧和效率优先的防碰撞算法，即 SUBEP-Q 算法。芯片端和阅读器端的算法流程图分别如图 5-4 和图 5-5 所示。

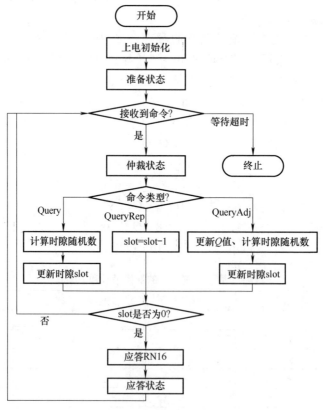

图 5-4　芯片端的算法流程图

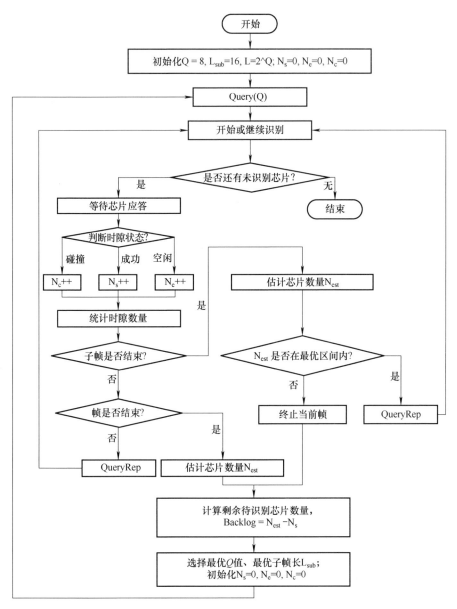

图 5-5　阅读器端的算法流程图

　　如图 5-4 所示，芯片端算法包括三种指令：Query、QueryRep 和 QueryAdj，涉及芯片三个状态：准备、仲裁和应答状态。根据接收到的指令进行自身状态的跳转及更新、时隙随机数生成及更新，当时隙数为 0 时，给阅读器应答随机数 RN16。

　　如图 5-5 所示，在每个帧的识别处理期间，在每个子帧或帧结束后估计芯片的数量，从而确定当前帧长是否最优。如果不是最优值，则终止当前帧，并根据剩余的芯片数量重新选择最优帧长，即 Q 值。然后，重置子帧长，并启动新帧。这有效地避免了由于只在某个子帧结束时一次不准确的估计而导致帧长的错误调整。同时，降低了由于每个时隙检查或调整帧长而引起的通信开销。更重要的是，帧长调整的灵活性得到了保证。

53

5.4 仿真实验及讨论分析

除了技术本身的影响外，子帧检查点策略、指令等待间隔时间 T_3、初始 Q 值等参数设置策略也对算法的性能有重要影响。为了衡量上述因素对 SUBEP-Q 算法的影响并探索其适用性，本节分别对上述参数进行了讨论分析，然后给出最佳的运行参数。

在优化参数的基础上，将 SUBEP-Q 算法与相似的 Q[125]、FastQ[100]、FEI-Chen[97]和 DS-MAP[102]算法进行了比较。为了更好地进行比较分析，本书还给出了用于理论推导的最优理想 DFSA 算法作为基准参考。为了保证数据的准确性，所有的结果都是算法在 MATLAB 中运行 500 次后的平均值。仿真参数见表 5-2。

表 5-2 仿真参数

参 数 名 称	值/μs	参 数 名 称	值/μs
T_1	62.50	T_{EPC}	912.50
T_2	62.50	T_{ACK}	337.50
T_3	50.00	T_{RN16}	212.50
T_{QUERY}	412.50	T_S	1375.00
$T_{QUERYADJUST}$	168.75	T_E	112.50
$T_{QUERYREPEAT}$	0.75	T_C	337.50

根据 EPC C1G2 标准和表 5-2 中的参数，成功、碰撞和空闲时隙的持续时间分别为 T_S、T_C 和 T_E，计算分别如下：$T_S=T_1+T_{RN16}+T_2+T_1+T_{EPC}+T_2=1375.00μs$、$T_C=T_1+T_{RN16}+T_2=337.50μs$ 和 $T_E=T_1+T_3=112.50μs$。

5.4.1 最优帧长仿真分析

1. 子帧检查点策略对比实验

基于子帧的最佳帧长检查点策略可以确保帧长调整的灵活性，同时避免了过多的通信开销。如 5.2.2 节所述，帧长调整策略取决于子帧检查点的设置策略。为了评估不同子帧检查点设置策略对算法性能的影响，本实验比较了两种策略：一种是只在第一个子帧之后检查，称为"第一子帧"策略；另一种是在所有子帧之后检查，称为"所有子帧"策略。图 5-6 和表 5-3 给出了不同策略下评价指标的最大值和平均值结果。与"第一子帧"策略相比，"所有子帧"策略的系统效率提高了 0.45%，时间效率提高了 0.27%，同时，识别速度提高了 0.23%。

从系统效率的角度来看，如图 5-6a 所示，"所有子帧"策略优于"第一子帧"策略，但两者的总体表现基本相同。根据图 5-6b，"所有子帧"策略对于算法的时间效率更有效。这主要是因为在第一子帧中误判的概率高于在所有子帧都进行判定；相反，每个后续子帧都进行判定可以降低误判的概率。类似地，图 5-6c 中识别速度的结果也是同样的道理。

因此，本书提出的 SUBEP-Q 算法在所有子帧之后动态调整帧长的策略更加合理，可以进一步提高算法的系统性能。

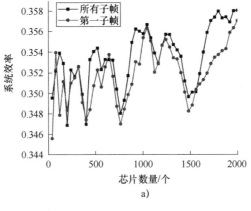

a)

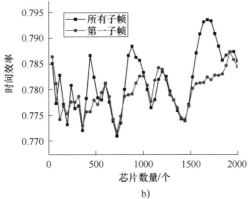

b)

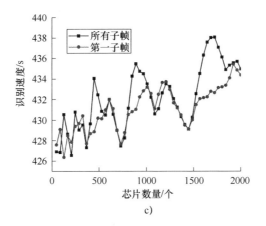

c)

图 5-6　不同检查点策略的实验结果对比

a）系统效率　b）时间效率　c）识别速度

表 5-3　不同检查点策略的实验结果

策 略 名 称	系统效率 （最大值，平均值）	时间效率 （最大值，平均值）	识别速度/s （最大值，平均值）
第一子帧	0.3570，0.3519	0.7873，0.7796	435，431
所有子帧	0.3580，0.3535	0.7936，0.7817	438，432

2. 初始帧长 Q 值对比实验

图 5-7 展示了不同初始 Q 值的仿真结果，表 5-4 给出了不同初始 Q 值时评价指标的最大值和平均值。结果表明，三种不同的初始 Q 值方案均能达到 0.35 以上的系统效率。但与 $Q=4$ 相比，$Q=8$ 的系统效率、时间效率和识别速度分别提高了 1.25%、0.89% 和 0.70%。总体而言，在系统效率、时间效率和识别速度方面，$Q=8$ 优于其他值。然而，

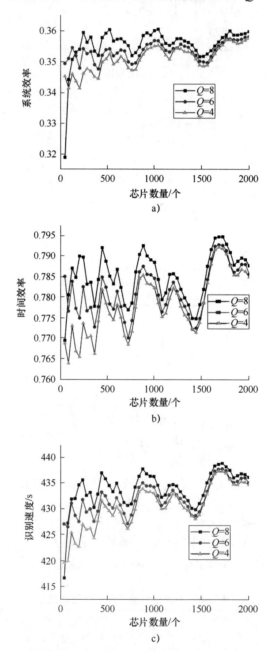

图 5-7 不同初始帧长的实验结果对比

a）系统效率 b）时间效率 c）识别速度

当芯片的数量小于 160 时，$Q=6$ 的系统效率更优。图 5-7b、c 显示当芯片的数量小于 80 时，$Q=6$ 也可以获得更好的性能。

表5-4　不同初始帧长的实验结果

初始 Q 值	系统效率 （最大值，平均值）	时间效率 （最大值，平均值）	识别速度/s （最大值，平均值）
$Q=4$	0.3578，0.3512	0.7923，0.7784	437，430
$Q=6$	0.3583，0.3536	0.7929，0.7816	437，432
$Q=8$	0.3607，0.3556	0.7948，0.7853	438，433

根据帧长等于芯片数量时系统效率最优的理论[23]，每个 Q 值对应芯片数量的最优范围，并不适合所有情况。见表 5-1，当 $Q=6$ 时，芯片的最佳数量为 45～88。因此，当芯片数量较少时，可以使用较小的 Q 值来实现更高的效率。相反，当芯片的数量较大时，较大的 Q 值表现得更好。因此，本研究选取 $Q=8$ 作为初始值。可以得出结论，初始 Q 值的选择对系统的性能有着明显的影响。

3. 指令等待间隔时间 T_3 的对比实验

根据 EPC C1G2 标准，T_3 是阅读器发送下一个指令的等待时间[23]，通常，T_3 可以取 5.00μs、50.00μs 或 62.50μs 三个值。因此，T_3 的值将影响通信开销，从而导致与时间相关的评价指标存在显著差异，如时间效率和识别速度。

图 5-8 展示了针对 T_3 不同值的 SUBEP-Q 算法的结果。表 5-5 显示了不同评价指标的最大值和平均值。结果表明，T_3 三种不同取值方案虽然都能达到 0.35 以上的系统效率和 400/s 以上的识别速度，但与 $T_3=62.5$μs 相比，$T_3=5$μs 的时间效率和识别速度仍能达到 3.47% 和 2.56% 的性能改善。

如图 5-8a 和表 5-5 所示，T_3 的不同值对系统效率的最大值和平均值的影响很小。这主要是因为，根据式（5-14），系统效率是成功时隙与总时隙数量的比率。帧长是影响系统效率的主要因素，通信参数 T_3 的取值对系统效率没有影响。

表 5-5　不同指令等待间隔时间的实验结果

参数 T_3/μs	系统效率 （最大值，平均值）	时间效率 （最大值，平均值）	识别速度/s （最大值，平均值）
5.0	0.3582，0.3535	0.8173，0.8027	447,440
50.0	0.3588，0.3536	0.7928，0.7816	437,432
62.5	0.3585，0.3534	0.7868，0.7758	435,429

如图 5-8b 所示，$T_3=5.0$μs 时，时间效率最高，$T_3=62.5$μs 时，时间效率最低。显然，T_3 值越小，通信所需的时间就越少。类似地，如图 5-8c 所示，T_3 的值对识别速度也具有相同的影响。T_3 值越小，识别速度越快。结果表明，为了提高算法的系统效率，T_3 值越小，识别速度越快，时间效率越高。

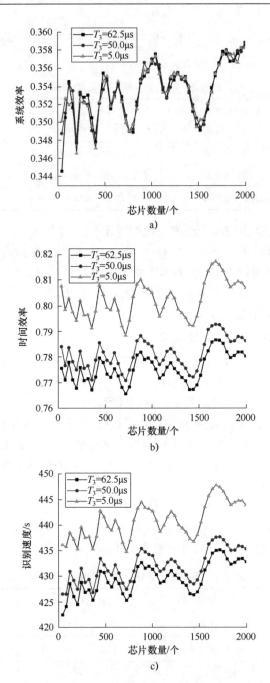

图 5-8　不同指令等待间隔时间的实验结果对比

a）系统效率　b）时间效率　c）识别速度

5.4.2　算法性能仿真分析

1. 系统效率

系统效率的仿真结果如图 5-9 所示，IDeal DFSA、Q 和 FastQ 算法对于不同的芯片数量具有很强的稳定性。相反，FEI-Chen、DS-MAP 和 SUBEP-Q 算法的系统效率趋势相同。更重要的是，与标准的 Q 算法相比，这些算法的性能得到了显著提高。见表 5-6，SUBEP-Q 算法的提升最为显著，达到 9.691%。

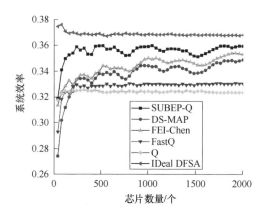

图 5-9　SUBEP-Q 算法的系统效率

表 5-6　同类算法性能提升实验结果

算法名称	系统效率 （最大，平均）	提升 （%）	时间效率 （最大，平均）	提升（%）	识别速度/s （最大，平均）	提升（%）
IDeal DFSA	0.3760，0.3687	—	0.8063，0.7963	—	440，439	—
Q	0.3257，0.3240	—	0.7646，0.7477	—	401，400	—
FastQ	0.3308，0.3284	1.358	0.7918，0.7872	5.283	421，420	5.000
FEI-Chen	0.3541，0.3436	6.049	0.7872，0.7730	3.384	431，422	5.500
DS-MAP	0.3489，0.3375	4.167	0.7929，0.7835	4.788	436，430	7.500
SUBEP-Q	0.3599，0.3554	9.691	0.7952，0.7851	5.002	438，433	8.250

一般来说，子帧划分和芯片数量估计的误差会影响系统效率的稳定性。与不使用这些技术的算法相比，使用这些技术的算法在系统效率方面将不稳定。然而，它们可以通过准确地估计芯片的数量并优化最佳帧长来提高系统效率。表 5-6 中的仿真数据证实了上述结论。

子帧检查点策略是影响系统效率的重要因素。与逐时隙动态调整 Q 值的 FEI-Chen 算法和在每个子帧结束时只检查一次最优帧长的 DS-MAP 算法相比，SUBEP-Q 算法可以获得更高的系统效率。显然，SUBEP-Q 算法在每个子帧识别结束后检查帧长与逐时隙检查相比，减少了检查的频率，并且比仅检查一次更精确。同时，虽然 DS-MAP 算法所采用的 MAP 估计模型的精度较高，但是 FEI-Chen 估计模型结合子帧检测的思想仍然可以保证较高的系统效率，这是 SUBEP-Q 算法可以取得更好性能的主要因素。

2. 时间效率

如图 5-10 和表 5-6 所示，SUBEP-Q 算法和类似的算法（如 FEI-Chen 和 DS-MAP），在时间效率方面具有相同的趋势，而且 SUBEP-Q 算法的平均值和最大值最优，其时间效率提高了 5.002%，达到 0.7851，但总体上仍低于 FastQ。

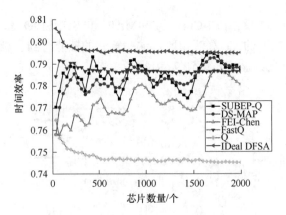

图 5-10　SUBEP-Q 算法的时间效率

根据式（5-13），时间效率由不同类型时隙的延迟时间和芯片数量决定，因此，碰撞时隙和空闲时隙的数量也是重要因素。然而，SUBEP-Q 算法和其他类似的算法主要集中在成功时隙数量的优化上，而忽略了其他两种时隙的处理。相反，FastQ 算法充分考虑了碰撞时隙与空闲时隙持续时间的比值以及两者发生的概率比例，因此，FastQ 算法的时间效率性能更优。

3. 识别速度

识别速度是衡量算法性能的重要指标。实际上，大多数物流管理系统要求识别芯片的速度要快于 300/s[195]。如图 5-11 和表 5-6 所示，Q 算法及其改进算法的识别速度可达到 400/s 以上，其中，SUBEP-Q 算法的识别速度达到了 433/s，相比标准 Q 算法提高了 8.25%。

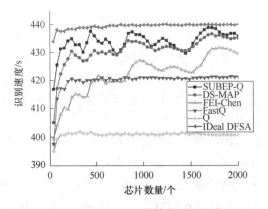

图 5-11　SUBEP-Q 算法的识别速度

毫无疑问，识别速度与成功时隙的数量成正比，即系统效率。当有更多成功时隙时，识别速度更快。如 5.4.1 节所述，SUBEP-Q 和类似算法通过优化帧长来获得最佳系统效率。因此，它们可以实现更高的识别速度。

多个最优帧长检查的精度要高于单次检查，所以 SUBEP-Q 算法的精度更高，识别速度也比 DS-MAP 算法快。每个时隙频繁地调整帧长会增加通信开销，因此，SUBEP-Q 算法的识别速度明显快于 FEI-Chen 算法。这充分说明了将帧划分为子帧并在每个子帧后动态调整帧长的策略对识别速度有重要影响。

图 5-12 比较了不同算法相对于标准 Q 算法获得的性能提升。从系统效率和识别速度上看，本书提出的 SUBEP-Q 算法的性能提升最优。在时间效率方面，SUBEP-Q 算法是次优的，主要是因为 FastQ 算法关注的是时间效率以及碰撞和空闲发生的概率，从而优化了帧长调整的参数。整体而言，提出的 SUBEP-Q 算法的性能明显优于其他同类算法。

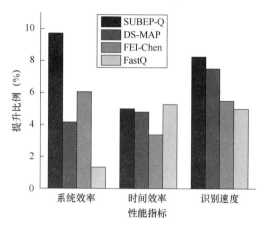

图 5-12　不同算法性能提升实验结果对比

5.5　小结

本章采用计算简单、快速的芯片数量估计模型，采用更加灵活的最优帧长调整策略，提出了一种通用的快速 RFID 芯片防碰撞算法。该算法基于子帧和系统效率优先的思想，实现了每个子帧后帧长的动态精确调整，显著提高了算法的性能。更重要的是，算法不需要设备额外的计算和存储资源，并可以与现有的 EPC G2 和 ISO/IEC 18000—63 标准兼容，从而保证了算法与现有 RFID 物联网系统具有良好的兼容性。

此外，本章还系统地比较和分析了不同子帧检查点策略、初始 Q 值和指令等待间隔时间 T_3 对算法性能的影响。仿真结果表明，本书提出的 SUBEP-Q 算法在系统效率、时间效率和识别速度方面均优于同类算法。

第 6 章　面向动态场景的 RFID 高效防碰撞算法

6.1　引言

无源植入式芯片的应用除了静态场景外，还包括动态场景。与静态场景的不同在于，动态场景下的芯片位置和数量等具有随机性。尤其是在畜禽养殖中，佩戴有无源植入式芯片的畜禽具有群体行为，表现为同时做规则的运动，如排队奔跑进入饮水区、进食区、出入圈舍等。显然，在动态场景中，当畜禽经过固定式阅读器时，芯片在每帧识别过程中随机或稳定地到达，并且会快速地离开阅读器的询问区，导致芯片数量随时都在变化。因此，研究动态场景下的芯片高效防碰撞算法对于提升畜禽养殖的精细化管理水平具有重要意义。

在静态场景下，现有的防碰撞算法可以达到较高的系统效率和识别速度[196]。然而，当这些算法应用于动态场景时，由于芯片不能等待足够长的时间以被成功识别，导致芯片漏读率增加，因此，这些算法不适用于动态场景[127]。基于 ALOHA 的防碰撞算法具有效率高、易于实现等优点[130]，已被用于研究动态场景中芯片的快速识别[194-200]。因此，本书依然重点研究基于 ALOHA 的适用于动态场景的 RFID 防碰撞算法。

本章研究如何在动态场景下缩短芯片等待时间，降低漏读率，保证算法具有较高的系统效率和识别速度。首先，对现有防碰撞算法、芯片数量估计、到达率和系统效率的模型进行研究；其次，对动态场景下芯片的到达过程、通信时序、识别过程、到达率等进行建模；最后，提出面向动态场景的 RFID 防碰撞算法，并进行仿真分析。

6.2　算法基础理论及动态场景模型设计

在动态场景中，为了快速识别到达芯片，提出了基于 ALOHA 的 CDFSA[194] 和 MT-EDFSA[198] 算法来解决碰撞问题。尽管 CDFSA 和 MT-EDFSA 都允许新的到达芯片参与正在进行的帧的识别，并且取得了良好的效果。然而，CDFSA 不能防止新到达芯片和等待芯片之间的碰撞，从而导致更长的等待时间。相反，MT-EDFSA 算法可以通过优化指令结构和帧结构来解决这一问题，但所有时隙占用的时间都是相等的，这导致了通信时间开销过大、等待时间较长和识别速度较低。

对于基于 DFSA 的算法，帧长是获得高系统效率的关键因素[130]。动态场景不同于静态场景，阅读器不仅不知道现有芯片的数量，而且不知道即将到来的芯片的数量。它们共同决定了最优帧长，保证了算法的系统效率，缩短了等待时间[194,198]。因此，在动态场景中估计芯片的数量非常重要。

为了描述动态场景中的芯片识别过程，如已有的研究[194-198]一样，假设当芯片在阅读器中移动时阅读器处于固定位置。同时，在这种情况下芯片的类型完全相同。因此，可以假设芯片在进入阅读器询问区域后自动切换到选定的激活状态[198]。然后，对芯片动态到达过程、通信序列和芯片动态识别过程进行建模。芯片动态到达过程模型用于描述芯片在实际场景中的运动，以及芯片状态和状态转换条件的定义；通信序列模型给出时隙类型和持续时间的定义；利用已建立的芯片动态识别过程模型，分析每帧的组成和芯片数量，为算法的设计奠定了基础。

6.2.1　基础理论分析研究

1. 芯片数量估计模型

目前，研究提出了多种方法来对芯片的数量进行估计。Shoute[128]提出，当系统效率最高时，每个碰撞时隙中可能碰撞的芯片数为 2.39。因此，根据碰撞时隙数 S_c 可以将帧中未识别芯片的数量估计为 $2.39S_c$。贝叶斯估计和概率响应[17]可以在不需要大量观测的情况下得到相对准确的统计结果，也可以用期望值与实际识别结果向量的最小距离来估计芯片的个数[191]。在多项式分布的基础上，提出了最大后验概率分布（MAP）模型[96]，也可以利用空时隙数 S_e 来估计芯片的个数[201]。在上述算法中，MAP 模型可应用于任意识别结果下的芯片数量估计，平均估计误差约为 5%，误差最小[194]，但计算成本很大。相比之下，Shoute 模型是最简单、最快、应用最广泛的方法。

2. 芯片到达率定义

动态场景中到达芯片的数量取决于到达率。目前，芯片到达率定义主要有两种定义：一种是基于时隙的到达率定义，其计算为到达芯片数量与帧长（时隙数量）的比率，即每个时隙到达的芯片数量[201]；另一种是基于时间的到达率定义，它根据到达芯片数量与帧的时间长度之间的比率来计算，即每单位时间到达的数量[127]。一般而言，DFSA 算法在帧开始之前，可以确定帧长，即时隙数量，但是，无法确定帧的时间长度。例如，如果算法采用不等长时隙，则不同时隙类型的持续时间不同，只有在帧识别结束后才能确定该帧的持续时间。因此，即使在帧开始之前获得基于时间的到达率，也无法预测当前帧的到达芯片的数量。基于时间的到达率定义适用于到达芯片参与下一帧识别的算法[127]，但不适用于到达芯片参与当前帧识别的情况。相反，基于时隙的到达率适用于到达芯片参与当前帧识别的场景[194,198]。以上两种定义分别适用于不同算法的到达率定义，需要根据具体的应用场景进行选择。

在动态场景中，阅读器认为芯片到达事件是芯片在询问区内到达和离开的综合结果。具体的到达数量和速率无法预先确定，只能根据前一帧的识别结果进行预测。由于芯片的到达和离开是独立的随机事件，并且具有时间局部相关性，因此使用泊松过程来研究芯片的到达率。非均质泊松过程[202]可用来模拟到达，因为它可以反映标签到达随时间的变化。根据到达率的时间局部相关性，前一帧和下一帧之间的时间很短，到达率可以看作是连续变化的。在前一帧结束之后计算出的到达率可以用作下一帧到达率的估计[194]。非常接近正分布密度的余弦函数也用于模拟动态场景中的到达率[201]，并提出了动态自适应残差代谢灰色模型（DSA-RMGM）算法[127]。可以根据到达率的变化动态调整建模长度，克服到达率动态变化时灰色预测模型的预测精度下降的问题，能够动态适应数据变化。

3. 系统效率模型

系统效率是衡量算法性能的关键指标之一。在理论分析中，系统效率定义为期望的成功时隙数与帧长的比值。在实际计算中，系统效率一般由成功时隙数与帧长的比值计算得出。式（5-12）给出了基于时间的系统效率定义。由于当成功时隙、空时隙和碰撞时隙的持续时间相等时，可以得到基于时隙的系统效率[203]，如式（5-13）。

但是，在通信过程中，芯片会随机选择一个时隙响应，并且仅当它是一个成功时隙时通信才是有效的。从这个角度来看，式（5-13）可以更好地反映系统效率的内涵，因此，可以将前 n 个帧的系统效率计算定义为式（6-1）：

$$U_{\text{sys}(n)} = \frac{\sum_{i=1}^{n} S_{si}}{\sum_{i=1}^{n} L_i} \tag{6-1}$$

其中，S_{si} 和 L_i 分别表示 F_i 帧的成功时隙数和帧长。上述分析表明，式（5-12）、式（5-13）和式（6-1）可以从不同的维度衡量算法的系统效率，并且理论上是一致的，但是，其反映的侧重点不同，要根据算法的具体应用来选择使用哪种定义。

为了更准确、方便地对本章算法进行描述，表 6-1 列出了该算法中的所有重要符号。

表 6-1　符号定义

标 识 名 称	含义与说明
S_c	碰撞时隙数量
S_e	空时隙数量
S_s	成功时隙数量
$P(n \mid S_s, S_c, S_e)$	$(n \mid S_s, S_c, S_e)$ 的条件概率
$\tilde{n}$	参与一帧识别的芯片数量
T_{Ss}	成功时隙时长
T_{Se}	空时隙时长
T_{Sc}	碰撞时隙时长
U_{sys}	帧系统效率
$U_{\text{sys}(n)}$	前 n 帧的系统效率
S_{si}	第 i 帧的成功时隙数量
L_i	第 i 帧的帧长
F_i	第 i 帧
P	识别过程
N_{ci}	第 i 帧中未识别芯片数量
N_{ai}	第 i 帧中新到达的芯片数量
λ_i	第 i 帧的到达率
S_{ij}	第 i 帧的第 j 时隙
S_{sj}	第 j 个时隙前的成功时隙数量
S_{cj}	第 j 个时隙前的碰撞时隙数量
S_{ej}	第 j 个时隙前的空时隙数量

（续）

标 识 名 称	含义与说明
T_{ij}	第 i 帧中前 j 个时隙的时长
N_{aij}	第 i 帧中前 j 个时隙中新到达芯片数量
SID_t	芯片的随机时隙号码
SID_c	芯片当前的随机时隙号码
SID_w	等待芯片可以选择的最大时隙号码
$SIDl$	新到达芯片可以选择的最小时隙号码
SID_{wi}	第 i 帧中等待芯片的数量
SID_{ai}	第 i 帧中新到达芯片的数量

6.2.2　芯片动态到达过程模型

在 RFID 系统中，阅读器有一个特定的询问区域。当芯片进入询问区域时，芯片可以响应阅读器的指令。如果它离开阅读器的询问区域，并且没有成功识别，则会发生芯片漏读事件，导致盘点计数少于实际数量。图 6-1 显示了动态场景中芯片的动态到达过程模型。

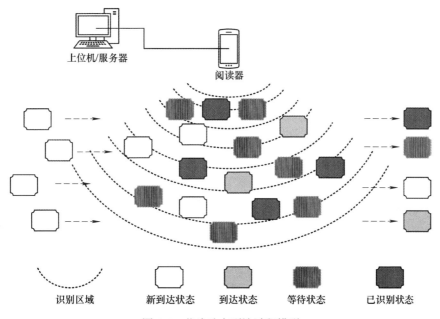

图 6-1　芯片动态到达过程模型

尽管其他研究也定义了芯片状态[198,204]，但是状态的含义和状态跳转条件各不相同。由于不同研究中的定义不同，为避免歧义，本书对芯片的状态和类型进行了明确定义。如图 6-1 所示，芯片的状态分为四类：新到达、到达、等待和已识别，状态的定义分别如下。

1）新到达状态：已经到达但尚未参与当前帧的识别，即该类芯片没有接收到指令，因此被标记为新到达状态，这种芯片称为新到达芯片。

2）到达状态：已经到达并且也参与了当前帧的识别，但是尚未被成功识别的芯片，即已经接收到指令并被标记为到达状态，这种芯片称为到达芯片。

3）等待状态：前一帧未识别芯片被标记为等待状态，这种芯片被称为等待芯片。

4）已识别状态：成功识别的芯片被标记为已识别状态，这种芯片称为已识别芯片。

在识别过程中，芯片的状态随着识别过程的不同而不断变化。图 6-2 显示了芯片的状态转换图。在一帧的识别过程中，新到达的芯片被激活后，转为新到达状态。当接收到阅读器指令时，如果识别成功，则跳转到已识别状态；否则跳转到到达状态。如果到达芯片被识别成功，则跳转到已识别状态，否则它将等待后续帧的识别，直到被成功识别为止。已识别的芯片不再响应当前帧的任何指令。如图 6-1 所示，当未识别的芯片离开阅读器的询问区域时，就认为发生了芯片漏读事件。发生漏读的芯片可以是等待芯片、到达芯片或新到达芯片。

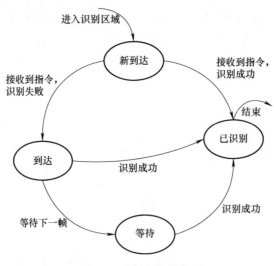

图 6-2　芯片状态转换图

6.2.3　通信时序模型

阅读器和芯片通过无线信道实现双向通信，询问区域内的所有芯片都可以接收阅读器广播的指令，然后根据指令及其状态判断是否响应[205]。显然，由于芯片的状态不同，并非所有发出的指令都会收到成功的响应。对于通信系统，通信时序模型是非常重要的。基于 EPC G2 标准的通信时序模型，设计了本研究的通信时序模型。

如图 6-3 所示，阅读器将在每个时隙中广播 Indicate 指令。芯片收到此指令后，将决定是否响应并应答 RN16。因此，阅读器可以在每个时隙中接收三个不同的响应结果：一个芯片响应、多个芯片响应和无芯片响应。当阅读器接收到唯一的一个 RN16 时，它将该时隙标记为成功时隙 Ss，然后向所有芯片发送携带 RN16 的 Ack 指令。当芯片接收到 Ack 指令时，检查它的状态以及存储的 RN16 是否等于 Ack 指令的 RN16。如果它们相等，则此芯片将向阅读器回复自己的 EPC 编码并跳转到已识别的状态。否则，将忽略此 Ack 指令。当阅读器接收到多个芯片响应的 RN16 时，阅读器无法识别任何芯片并将此时隙标记为碰撞时隙。如果阅读器未收到任何响应，则此时隙将标记为空时隙。可以看出，在每帧识别结束后，阅读器可以统计成功时隙数、碰撞时隙数和空时隙数，并且满足帧长 $L = S_s + S_c + S_e$。

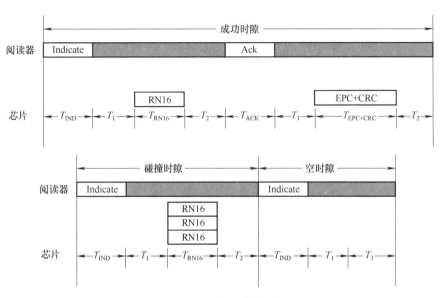

图 6-3　通信时序模型

由于碰撞时隙和空时隙是不可避免的，显然，为了减少总等待时间并提高识别速度，碰撞时隙和空时隙所浪费的时间越少越好。重要的是，与所有时隙均设计为等长不同[198]，本书通信时序模型的设计采用不等长的时隙，例如，成功时隙占用时间最长，空时隙占用时间最短。另一个不同之处在于，此通信时序模型中的 Indicate 指令需要重新定义，以便于在动态场景中通知新到达芯片，它们将在 6.3.3 节中详细描述。

6.2.4　芯片动态识别过程模型

芯片识别过程模型[127]已经被用于分析芯片识别过程，其中 F_i 帧内到达的芯片参与 F_{i+1} 帧的识别。在本书的研究中，通过优化模型来缩短芯片等待时间，并且在 F_i 帧内到达的新到达芯片立即参与 F_i 帧的识别。设计了芯片动态识别过程模型和帧内识别过程模型，如图 6-4a、b 所示。

假设芯片识别过程 P 由多个识别周期组成，每个识别周期为一帧 F，帧长为 L，且一帧包含若干时隙 S，则可得到式（6-2）和式（6-3）：

$$P = \left\{ F_i \,\middle|\, \text{length}(F_i) = L_i, i \geqslant 1, L_i \geqslant 1 \right\} \tag{6-2}$$

$$F_i = \left\{ S_{ij} \,\middle|\, i \geqslant 1, j \leqslant L_i \right\} \tag{6-3}$$

每帧识别过程中的碰撞表明仍存在未识别的芯片，或者芯片在动态场景中不断到达。因此，如果 F_i 帧中的新到达芯片参与 F_i 帧的识别，则参与 F_i 帧标识的芯片 N_i 的数量包括 F_{i-1} 帧中的未标识芯片数量 $N_{c(i-1)}$ 和 F_i 帧中新到达芯片的数量 N_{ai}，如图 6-4 所示。

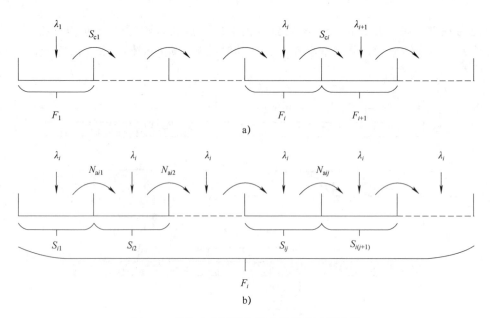

图 6-4 芯片动态识别和帧内识别的过程模型

a）芯片动态识别过程 b）帧内识别过程

根据 6.2.1 节中芯片到达率的定义，基于时隙的到达率仅需考虑帧长而不考虑帧时间，适用于长度不等的时隙算法。本书使用基于时隙的到达率，并将到达率定义为每个时隙到达芯片的数量。F_i 帧的到达率用 λ_i 表示，F_i 的帧长用 L_i 表示，可以得到式（6-4）和式（6-5）：

$$N_{ai} = \lambda_i L_i \tag{6-4}$$

$$L_i = N_{c(i-1)} + N_{ai} \tag{6-5}$$

理论分析表明，当芯片数量等于帧长时，可以达到最大的系统效率。因此，假设芯片的数量 N_i 等于帧长 L_i，则可以得到式（6-6）：

$$N_i = L_i = N_{c(i-1)} + \lambda_i L_i \tag{6-6}$$

显然，通过进一步简化，可以获得帧长 L_i 为式（6-7）：

$$L_i = \frac{N_{c(i-1)}}{1 - \lambda_i} \tag{6-7}$$

由于芯片的到达是随机的，因此每个时隙都有可能到达一些新的芯片，如图 6-4b 所示。根据前节所述，本书采用不等长时隙，在 F_i 帧中 S_{ij} 时隙的末尾，可以分别计算成功时隙的数量 S_{sj}、碰撞时隙的数量 S_{cj} 和空时隙的数量 S_{ej}，当前帧识别的时间 T_{ij}，可以由式（6-8）计算。在 S_{ij} 时隙的末尾到达该帧的芯片数量 N_{aij}，可以通过式（6-9）计算：

$$T_{ij} = S_{sj} T_{Ss} + S_{cj} T_{Sc} + S_{ej} T_{Se} \tag{6-8}$$

$$N_{aij} = \lambda_i j = \lambda_i (S_{sj} + S_{cj} + S_{ej}) \tag{6-9}$$

可以看出，若前一帧的未标识芯片数量和当前帧的到达率确定时，就可以计算下一帧的帧长，并且可以开始新帧的识别过程。

6.2.5　芯片到达率模型

芯片在动态场景中的到达包括稳定到达和随机到达两种，如传送带上带有 RFID 芯片的产品是稳定到达的，穿过固定通道的牛和羊是随机到达的。可以分别根据排队论和正态分布理论对两种情况的芯片到达率进行建模。

根据排队论，系统稳定运行的条件是到达率不能超过服务率。芯片识别过程中的阅读器和芯片分别对应于排队论中的服务站和客户。当顾客到达服务站时，就开始等待服务。由于服务站的服务率有限，当客户到达率超过服务站的服务率时，服务站系统处于不稳定的工作状态[127]，可能导致客户排队，甚至出现异常的服务瘫痪。同时，泊松随机过程是一种很好的排队论工具。动态场景中芯片的到达是相互独立的，满足泊松随机过程的前提条件，因此，芯片的到达服从泊松随机过程，到达率 λ 也是泊松随机过程的平均值[127]。

根据研究可知，优化后的 DFSA 算法的系统效率可以达到 0.426[128,206]。因此，假设前 96 帧的到达率在 0.20 到 0.40 的间隔内是稳定的，到达率如图 6-5a 所示。假设帧长 L 为 100，则可以计算出前 96 帧的到达芯片数量，如图 6-5b 所示。可以看出到达率是稳定的，芯片数量的增长率基本上稳定增长，这与稳定到达率是一致的。

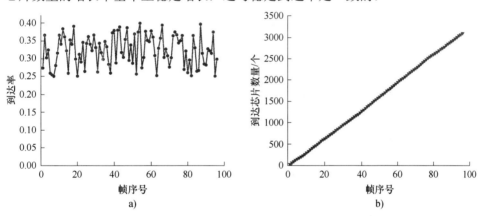

图 6-5　稳定到达率和到达芯片数量

a）稳定到达率　b）到达芯片数量

随机到达的到达率模型在统计上采用了流行的正态分布到达率模型。根据余弦函数的上升和下降，周期性波动随时间的变化非常接近正态分布密度。0～0.4 的到达率密度函数定义为式（6-10）：

$$\lambda_i = 0.20 + 0.20\cos(0.10i) \tag{6-10}$$

图 6-6a 展示了前 96 帧的随机到达率，根据式（6-10）可知为 1.5 个周期。 同样假设每帧的帧长 L 为 100，则可获得前 96 帧的到达芯片数量，如图 6-6b 所示。可以看出，到达率是周期性变化的随机曲线。更重要的是，到达芯片数量以不同的速度增长，这更近似地模拟动态场景下芯片的到达情况。

显然，这两种情况涵盖了 RFID 的传统应用，例如，商品生产线、动物追踪和牧场盘点[207]，智能仓库和商品分类。本书基于这两种情况的到达率分别进行了仿真，仿真结果将在 6.4 节介绍。

69

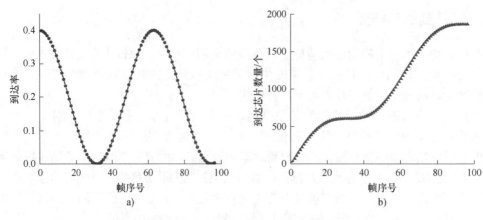

图 6-6 随机到达率及到达芯片数量

a）随机到达率 b）到达芯片数量

6.3 动态场景防碰撞算法设计

本章设计的算法致力于解决动态场景中的芯片防碰撞和快速识别问题，即基于 DFSA 和分块隔离技术的算法，称为 DAS-DFSA 算法。其主要思想是：在每个帧的末尾动态估计下一帧的芯片到达率，并且结合当前未识别芯片数量来计算下一帧的最佳帧长。使用分块隔离技术将下一帧的时隙划分为等待时隙和到达时隙两种类型，同时将下一帧划分为等待识别和到达识别的两个独立过程。其中，等待识别过程仅识别在前一帧中未识别的芯片，而到达识别过程仅识别该帧内的新到达芯片。因此，该算法可以有效避免新到达芯片与等待芯片之间的碰撞，并且新到达芯片尽可能早地参与正在进行帧的识别，有效地缩短了等待时间。

6.3.1 算法设计思想

动态场景和静态场景之间的最大区别是，芯片会随机进入或离开阅读器的询问区域。静态场景中的防碰撞算法重点关注如何提升算法的系统效率。但是，在动态场景中，首先应该尽可能缩短等待时间并降低漏读率，以确保盘点数据的准确性，在此基础上追求更高的系统效率和识别速度。基于上述分析，本算法的基本设计思想如下：

1）缩短等待芯片的等待时间。根据先来先服务（First Come First Service，FCFS）思想，等待芯片比新到达芯片更早到达阅读器的询问区域，应该确保优先识别等待芯片。因此，需要对算法的帧结构和识别过程进行优化。

2）缩短新到达芯片的等待时间。允许新到达芯片尽快参与正在进行帧的识别，而不是等待到下一帧，以便大大缩短等待时间。因此，为了新到达芯片能接收到当前进行帧的参数，需要对指令结构进行优化定义。

3）确保更高的系统效率。根据理论分析，当在识别过程中帧长和芯片数相等时，可以获得最大的系统效率。因此，可以尽可能准确地估计参与每帧识别芯片的数量以获得最佳帧长。

4）保证更高识别速度。为了提高算法的识别速度，必须避免浪费无效时间，因此，需要尽可能减少无效通信时间开销。

6.3.2　帧结构和过程优化

为了防止等待芯片和新到达芯片之间的碰撞，根据分块隔离技术，将每帧的时隙分为两类：一类是等待时隙，另一类是到达时隙。这两类时隙的划分，可以将帧结构进行隔离分块，由等待时隙组成的识别过程称为等待过程，由到达时隙组成的识别过程称为到达过程，如图 6-7 所示。

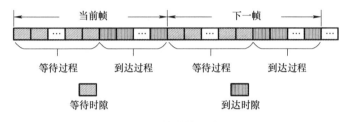

图 6-7　帧结构和过程

在识别过程中，等待芯片只能选择等待时隙并参与等待过程。类似地，新到达芯片参与当前帧的识别，但是只能选择到达时隙并参与到达过程的识别。显然，这种划分可以有效降低由于选择相同时隙而导致等待芯片和新到达芯片之间发生碰撞的可能性。这种设计有两个优势：一个是新到达芯片可以参与当前帧的识别，可以缩短新到达芯片的等待时间；另一个是新到达芯片不会与等待芯片竞争时隙资源，这避免了由于碰撞而使等待芯片继续等待后续帧的识别，从而缩短了等待芯片的等待时间。综合来看，两种优势的结果将减少所有芯片的平均等待时间，从而可以有效避免因等待时间长而导致的芯片漏读。

6.3.3　指令结构优化

参与每个帧识别的芯片包括三种类型：等待芯片、到达芯片和新到达芯片。阅读器在每个帧的开头广播 Start 指令，并且等待芯片和准备状态的芯片可以选择等待时隙作为其时隙随机数 SIDt。帧识别开始后，每个时隙都需要向所有芯片广播一个 Indicate 指令。等待芯片在 Indicate 指令中接收当前的时隙号 SIDc，并确定其是否等于其 SIDt，如果相等，它将响应阅读器的指令，否则不响应。新到达芯片根据 Indicate 指令选择到达时隙号作为其自己的时隙随机数 SIDt，并确定当前时隙号 SIDc 是否等于其 SIDt，如果相等，它将响应阅读器的指令，否则不响应。

由于标识过程中等待芯片和新到达芯片所需的指令信息之间存在差异，因此设计了两个 Indicate 指令，包括 IndicateWait 和 IndicateArrival。同时，还定义了 Start 指令的结构，如图 6-8 所示。

Start 指令用于开始新的识别周期，即新的帧。参数 Query 与 EPC C1G2 的 Query 指令相似并包含帧长 L，参数 SIDw 表示等待芯片可以选择的最大时隙数。等待芯片在接收到 Start 指令后将在 1 和 SIDw 之间选择一个时隙随机数 SIDt，但不会响应并等待后续的指令。

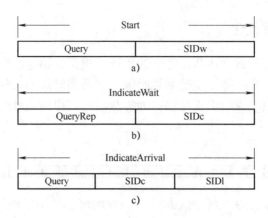

图 6-8 优化的指令结构

a）Start 指令 b）IndicateWait 指令 c）IndicateArrival 指令

IndicateWait 指令用于通知等待芯片和到达芯片参与后续帧的识别过程，参数 QueryRep 与 EPC C1G2 的 QueryRep 指令相似，参数 SIDc 指示当前正在执行的时隙数，并且当 SIDt 等于 SIDc 时，芯片响应指令并应答 RN16。IndicateArrival 指令用于通知新到达芯片、到达芯片和等待芯片全部参与识别过程，参数 Query 与 EPC C1G2 的 Query 指令相似，其中，参数 SIDc 表示当前正在执行时隙数，参数 SIDl 指示新到达芯片可以选择的最小时隙数，即在 SIDl+1 和 L 之间选择一个时隙随机数 SIDt，当 SIDt 等于 SIDc 时，芯片对指令应答 RN16。

IndicateArrival 指令等效于重新启动帧中的子帧，以便新到达芯片立即参与当前帧的识别。显然，IndicateArrival 指令比 IndicateWait 更长，并且占用更多的通信时间。为了最小化通信时间开销，阅读器可以采用不同的指令传输策略。

6.3.4 帧过程划分策略设计

为了获得最大的系统效率，必须准确估计芯片的数量以设置最佳帧长。根据 6.3.2 节中的分析，每个帧识别过程都包括一个等待过程和一个到达过程，分别用于识别等待芯片和新到达芯片。因此，如何为帧分配等待过程和到达过程的时隙数量是个关键问题。

在识别过程中，F_i 帧的芯片数量 N_i 包括 F_{i-1} 帧中的未识别芯片数量 $N_{c(i-1)}$，以及 F_i 帧中到达芯片的数量 N_{ai}。为了获得最大的系统效率，帧长 L_i 等于 N_i。可以得出结论，F_i 帧的 SID_{wi} 和 SID_{li} 的计算公式分别为式（6-11）式（6-12）：

$$\text{SID}_{wi} = N_{c(i-1)} \tag{6-11}$$

$$\text{SID}_{li} = N_{ai} = L_i - N_{c(i-1)} \tag{6-12}$$

可以看出，式（6-11）和式（6-12）取决于未识别芯片的数量 $N_{c(i-1)}$，可以通过 6.2.1 节中所述的方法进行估算。为了满足算法的低成本设计要求，可以使用更简单、更快的 Schoute 方法来估算 $N_{c(i-1)}$[128]，即：

$$N_{c(i-1)} = 2.39 S_{c(i-1)} \tag{6-13}$$

由于到达率是连续变化的，并且具有局部相关性[195]，因此，可以根据 F_i 的情况预测 F_{i+1} 帧的到达率 λ_{i+1}，即在 F_i 帧的结束之后，计算的到达率 λ_i 作为 F_{i+1} 帧到达率的估计值。由此可知，F_{i+1} 帧的到达率 λ_{i+1} 可以由式（6-14）计算：

$$\lambda_{i+1} \approx \lambda_i = \frac{S_{si} + 2.39 S_{ci} - 2.39 S_{c(i-1)}}{L_i} \tag{6-14}$$

根据上述分析及式（6-7）、式（6-11）和式（6-12），F_{i+1} 帧的参数 L_{i+1}、$SID_{w(i+1)}$ 和 $SID_{l(i+1)}$ 可以分别由式（6-15）、式（6-16）和式（6-17）计算，得到以上参数后，则可以开启下一帧的识别过程：

$$L_{i+1} = \frac{N_{ci}}{1 - \lambda_i} \tag{6-15}$$

$$SID_{w(i+1)} = N_{ci} \tag{6-16}$$

$$SID_{l(i+1)} = L_{i+1} - SID_{w(i+1)} \tag{6-17}$$

6.3.5　动态场景 DFSA 算法

根据 6.2.3 节中的通信时序模型，表 6-2 和表 6-3 分别给出了阅读器端的伪码和芯片端的伪码。与其他研究类似，在盘点库存开始时，初始帧长 L 也设置为 128[96,127]。假设第一帧的系统效率最大，则可以设置初始最大时隙 SID_w，以供等待芯片来选择时隙随机数。当系统启动时，假设最大理论效率可以达到 0.368，则第一帧的等待过程中的时隙数被设置为 $L(1-0.368)$，见表 6-2 的第 3 行。然后，阅读器广播 Start 指令以通知所有等待芯片开始识别过程。在每个帧的识别过程中，每个时隙广播一个 IndicateWait 或 IndicateArrival 指令，阅读器根据接收到的响应结果决定是否发送 Ack 指令。

表 6-2　动态场景 DFSA 算法的阅读器端伪码

```
1. L=128;
2. Frame_counts =0;
3.  SIDw =L*(1-0.368);
4. if (!IdentificationIsEnd)
5. {
6.    Frame_counts++;
7.    Set [Ss,Sc,Se] to 0; /*slot counter*/
8.    Broadcast Start instruction;
9.    Set SIDc to 1;
10.   Set SIDl to  SIDw ;
11.   while(!FrameIsEnd)
12.   {
13.       Broadcast IndicateWait/IndicateArrival instruction;
14.       Identification process and read answers;
15.       Update identification results Ss/Sc/Se;
16.       SIDc++;
```

（续）

```
17.      if (SIDc >= SIDl)
18.          Set SIDl to SIDc+1;
19.      if (SIDc >= L)
20.          Set FrameIsEnd   is true;
21.   }
22.   if   (Frame_counts >=2) begin
23.      Calculate or use the arrival rate  λ  of this frame;
24.      Calculate the frame length L of next frame;
25.   end
26.   Set  SIDw  to 2.39*Sc;
27.   if( No chips)
28.      Set IdentificationIsEnd   is true;
29.}
```

表 6-3　动态场景 DFSA 算法的芯片端伪码

```
1.   IsIdentified = false;
2.   SIDt =0;
3.   ChipSate =NewArrival;
4.   while (!IsIdentified)
5.   {
6.      receive reader instruction;
7.      if (Instruction is Start) begin
8.          SIDt = Generate random slot number; /* SIDt between 0 and SIDw.*/
9.          Set ChipSate to Arrival;
10.     end
11.     else if (Instruction is IndicateWait) begin
12.         if(SIDt == SIDc and ChipSate is Wait)
13.             response RN16;
14.         else if (Instruction is IndicateArrival) begin
15.             if(SIDt == SIDc and (ChipSate is Wait or Arrival))
16.                 response RN16;
17.             else if(ChipSate is NewArrival) begin
18.                 SIDt = Generate random slot number; /* SIDl +1 ≤ SIDt ≤ L*/
19.                 Set ChipSate to Arrival;
20.                 if(SIDt == SIDc)
21.                     response RN16;
22.             end
23.         end
24.     else if (Instruction is Ack)
25.         if(RN16 is itself) begin
26.             Set IsIdentified to ture;
27.             Set ChipSate to Identified;
28.         end
29.     end
30.   }
```

当时隙是成功时隙时，阅读器发送 Ack 指令用于将 RN16 发送到成功响应 RN16 的芯片，通知芯片返回其 EPC 及其他信息，表示该芯片已被成功识别。

见表 6-2 第 18 行，为了防止新到达芯片选择已执行完毕的时隙号，在每个帧识别过程中，当 SIDc 大于初始 SIDl 时，SIDl 被设置为 SIDc+1。在每帧结束时，根据识别结果计算该帧的到达率 λ，并根据式（6-15）计算下一帧的帧长 L。

表 6-3 显示了芯片端的伪码。芯片在到达阅读器询问区后被激活，进入新到达状态并开始对接收到的指令做出响应。在接收到 IndicateArrival 指令后，芯片将在 SIDl 和 L 之间选择一个时隙随机数 SIDt。当 SIDt 等于指令的当前时隙数 SIDc 时，立即应答并返回 RN16。芯片接收到 Ack 指令后，则芯片判断其自己的 RN16 是否等于 Ack 指令中的参数 RN16，如果相等，则应答芯片 EPC 并跳到已识别状态；否则，它将继续等待后续指令，直到成功识别或识别过程完成。

6.4　仿真实验及讨论分析

为了验证算法的有效性，在 MATLAB 环境下将本书设计的动态到达场景 DAS-DFSA 算法与 DFSA、CDFSA[194]和 MT-EDFSA[198]算法进行了仿真对比。动态场景中的防碰撞算法不仅注重系统效率和识别速度，而且更注重等待时间和漏读率。因此，本书仍然对这四个指标进行了比较分析和探讨。同时，还讨论和分析了 IndicateArrival 指令传输策略对算法性能的影响。

表 6-4 列出了算法仿真实验的参数。T_{Start}、$T_{\text{IndicateArrival}}$、$T_{\text{IndicateWait}}$、$T_{\text{Ack}}$、$T_{\text{RN16}}$ 和 $T_{\text{EPC+CRC}}$ 分别表示指令 Start、IndicateArrival、IndicateWait、Ack、RN16 和 EPC+CRC 的通信传输时间。成功时隙、空时隙和碰撞时隙的持续时间分别表示为 T_{Ss}、T_{Se} 和 T_{Sc}。例如，假设参数帧长为 10 位，则最大可表示的值为 1024，并且 Start、IndicateArrival、IndicateWait 和 Ack 指令的长度分别为 L_{Start}、$L_{\text{IndicateArrival}}$、$L_{\text{IndicateWait}}$ 和 L_{Ack}。参考 EPC C1G2 标准和 6.3.3 节的定义，可以计算 $L_{\text{Start}} = 38$、$L_{\text{IndicateArrival}} = 48$、$L_{\text{IndicateWait}} = 14$ 和 $L_{\text{Ack}} = 18$。

表 6-4　算法仿真实验的参数

参 数 名 称	取　值	参 数 名 称	取　值
RTrate	64.000kbit/s	T_{Start}	0.5938ms
TRrate	62.500kbit/s	$T_{\text{IndicateArrival}}$	0.7500ms
T_1	0.0625ms	$T_{\text{IndicateWait}}$	0.2188ms
T_2	0.0400ms	T_{Ack}	0.2813ms
T_3	0.0400ms	T_{RN16}	0.2560ms
L_{Start}	38bit	$T_{\text{EPC+CRC}}$	1.7920ms
$L_{\text{IndicateArrival}}$	48bit	T_{Ss}	2.7531ms
$L_{\text{IndicateWait}}$	14bit	T_{Se}	0.3213ms
L_{Ack}	18bit	T_{Sc}	0.5773ms

根据图 6-3 中提出的通信时序模型，图 6-8 中 IndicateWait 和 IndicateArrival 指令的定义，并且用 IndicateWait 指令代表 Indicate 指令，可以计算成功时隙的持续时间 T_{Ss}、空时隙的持续时间 T_{Se} 和碰撞时隙的持续时间 T_{Sc}，分别为 $T_{Ss} = T_{IndicateWait} + T_1 + T_{RN16} + T_2 + T_{Ack} + T_1 + T_{EPC+CRC} + T_2$、$T_{Se} = T_{IndicateWait} + T_1 + T_3$ 和 $T_{Sc} = T_{IndicateWait} + T_1 + T_{RN16} + T_2$。

在本仿真中，初始帧长为 128，芯片数量为 500 个，累计执行 96 帧，每帧的到达率分别为图 6-5a 中的稳定到达率和图 6-6a 中的随机到达率。为了保证数据的准确性，结果数据取算法运行 100 次的平均值。

6.4.1 识别等待时间

从芯片到达阅读器的询问区域到成功识别所经过的时间称为等待时间。在动态场景中，芯片可以随时离开阅读器的询问区域。显然，等待时间越长，离开的可能性越大，芯片漏读的可能性也越大。因此，等待时间是评估动态场景中芯片防碰撞算法性能的最重要指标。

如图 6-9 所示，DAS-DFSA 算法的等待时间最短。相反，DFSA 算法具有最长的等待时间，因为该算法的新到达芯片不能参与正在进行的帧的识别过程，因此至少需要从到达时刻到正在进行帧结束的等待时间。显然，MT-EDFSA 和 CDFSA 算法成功地解决了这一问题，使得新到达芯片能够参与正在进行帧的识别过程，从而缩短了等待时间。然而，MT-EDFSA 算法使用等长时隙，空时隙和碰撞时隙浪费了更多的通信时间。此外，CDFSA 算法不能防止新到达芯片和等待芯片之间的碰撞，因此，碰撞仍然会增加等待时间。相反，DAS-DFSA 算法继承了 MT-EDFSA 和 CDFSA 的优点，克服了它们的缺点。采用不等长时隙来减少通信时间开销，采用分块隔离技术将新到达芯片与等待芯片隔离开来，从而可以独立选择响应时隙。因此，DAS-DFSA 算法大大减少了等待时间，取得了显著的性能改进。同时，从图 6-9 可以看出，40 帧后的等待时间小于 0.02s，60 帧后的新到达芯片基本上可以实现无等待的即时服务，可以满足动态场景下的快速识别要求。

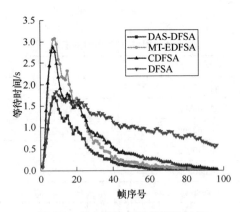

图 6-9   稳定到达芯片的等待时间

表 6-5 给出了图 6-9 中的仿真结果值，与 DFSA 算法相比，CDFSA、MT-EDFSA 和 DAS-DFSA 的等待时间分别减少了 35.953%、40.633%和 67.080%。与 MT-EDFSA 算法和

CDFSA 算法相比，DAS-DFSA 算法的等待时间分别缩短了 44.548% 和 48.599%。MT-EDFSA 算法的平均等待时间小于 CDFSA 算法，说明分块隔离技术对缩短等待时间有一定的作用。同时，DAS-DFSA 算法的等待时间明显短于 MT-EDFSA 算法，说明采用不等长时隙也能显著缩短等待时间。等待时间最短的 DAS-DFSA 算法证明了上述结论的有效性。更重要的是，如图 6-10 所示，当到达率为随机时，上述结论仍然成立，这表明 DAS-DFSA 算法可以同时应用于不同的动态场景。

表 6-5　不同算法的仿真性能对比

算法名称	等待时间/s（最大，平均）	提升（%）	漏读率（最大，平均）	降低（%）	识别速度/s（最大，平均）	提升（%）
DFSA	1.8436，1.0814	—	452.85，281.26	—	—	—
CDFSA	2.8701，0.6926	35.953	281.76，89.610	68.140	170，169	—
MT-EDFSA	3.0763，0.6420	40.633	566.51，72.850	74.099	133，132	—
DAS-DFSA	1.6989，0.3560	67.080	528.38，64.500	77.067	236，235	39.053 78.030

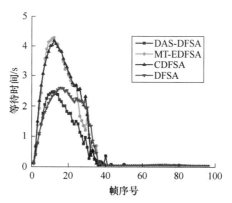

图 6-10　随机到达芯片的等待时间

6.4.2　漏读率

漏读率 R_m 是指在观测时间范围内由于等待时间超过设定阈值而导致的漏读芯片数量 N_m 与到达芯片数量 N_a 的比率，即：

$$R_m = \frac{N_m}{N_a} \times 100\% \tag{6-18}$$

在动态场景中，漏读率是评价算法可靠性的重要指标。等待时间阈值越小，芯片漏读的概率越大。一般来说，当该算法的漏读率为 0 时，可以保证所有芯片的识别，并且该算法被认为是可靠的。本书将观测时间范围约定为每帧的持续时间。等待时间阈值分别设置为 0.5s 和 1.0s 以反映不同的场景。图 6-11a 和 b 展示出了在相同阈值下 DAS-DFSA 与其他同类算法漏读率的对比数据。结果表明，相同条件下阈值 0.5s 的漏读率均高于 1.0s。

从图 6-11 可以看出，在不同等待时间阈值下，DFSA 算法的漏读率均不能趋于 0，这主要是因为 DFSA 无法立即识别新到达芯片，从而导致芯片等待超时而漏读。相反，DAS-DFSA、CDFSA 和 MT-EDFSA 算法能够立即识别新的到达芯片，并且显著缩短了等待时间，减少了 68.140%以上。更重要的是，随着芯片数量的减少，这些算法的漏读率可以趋于 0，最终阅读器可以在不等待的情况下实现对新到达芯片的即时服务，因此，不会漏读芯片。很明显，由于 DAS-DFSA 算法对 MT-EDFSA 和 CDFSA 算法进行了优化和改进，与原算法相比漏读率分别降低了 11.462%和 28.021%，再次证明了 DAS-DFSA 算法的有效性。

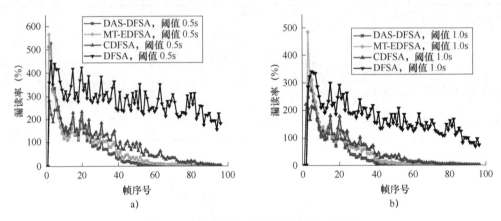

图 6-11　不同等待时间阈值的漏读率对比

a）阈值为 0.5s　b）阈值为 1.0s

6.4.3　识别速度

识别速度用于衡量算法的整体性能，即排队论中服务站的服务速度，本书定义为每秒识别的芯片数量。在动态场景中，只有当等待时间和漏读率符合要求时，识别速度才有意义。显然，通过等待时间和漏读率这两个重要的评价指标，DFSA 算法不能适用于动态场景下 RFID 芯片的快速识别。因此，我们继续关注其他三种算法的识别速度。虽然识别速度越快越好，但评估必须基于特定的运行参数。根据表 6-4 给出的参数，假设每个时隙为成功时隙，成功时隙的持续时间为 2.7531ms，则最大识别速度为 363/s，显然，这只是一个理想的情况。

图 6-12 显示了用于芯片稳定到达场景的 DAS-DFSA、MT-EDFSA 和 CDFSA 算法的识别速度。在同类算法中，DAS-DFSA 算法识别速度最快，稳定在 235/s 左右，接近理想值的 64.74%。由于 MT-EDFSA 算法采用等长时隙，在空时隙和碰撞时隙中的通信时间消耗较长，导致识别速度最慢。CDFSA 算法虽然采用不等长时隙能提高识别速度，但不能防止等待芯片和到达芯片之间的碰撞，因此，识别速度明显低于 DAS-DFSA 算法。根据表 6-5 中的数据，DAS-DFSA 的识别速度比 CDFSA 快 39.053%，比 MT-EDFSA 快 78.030%。由此可知，碰撞和时隙长度都是影响识别速度的因素，但时隙长度的影响较大。

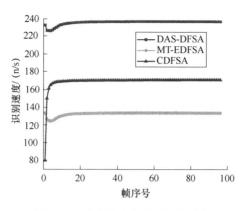

图 6-12　芯片稳定到达的识别速度

6.4.4　系统效率

系统效率也是衡量算法整体性能的关键指标之一。根据 6.2.1 节基于时隙的系统效率定义，系统效率主要反映成功时隙占总时隙的比例。由于 ALOHA 算法的理论最大系统效率为 0.368，根据 6.4.2 节的分析可知，本书提出的算法可以在不等待的情况下识别芯片，即可以提供即时服务。因为在动态场景仿真中，即使没有芯片算法也需要继续运行。如果在帧的识别过程中没有芯片，则此时不需要服务，从数学角度来看，此时该算法的系统效率为 0。从实际应用的角度来看，此时考虑算法的系统效率是没有意义的。然而，从有利于统计分析的角度出发，将此时的系统效率设定为理论最大值 0.368。如图 6-13 和图 6-14 所示，在相同的到达率下，这些算法的系统效率比较接近。

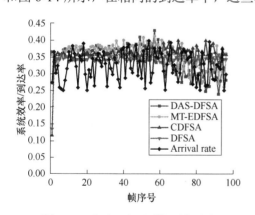

图 6-13　芯片稳定到达的系统效率

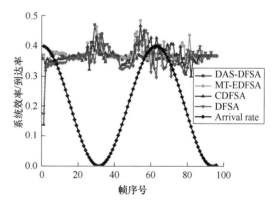

图 6-14　芯片随机到达的系统效率

分块隔离技术可以避免新到达芯片和等待芯片之间的碰撞，从而提高识别速度和缩短等待时间。然而，随着后续帧中未识别芯片数量的减少，帧长也在缩短。此时，如果再将帧进行分块，则将导致碰撞增加，等待时间将延长。从图 6-13 可以看出，在 60 帧之后，使用分块隔离技术的 MT-EDFSA 和 DAS-DFSA 算法的系统效率低于不使用分块隔离技术的 CDFSA 算法，主要原因是芯片数量减少。相反，在前 60 帧中，由于芯片数量大，帧长足够长，采用分块隔离技术可以防止不同状态芯片间的碰撞，从而保持较高的系统效率。此种情况下，DAS-DFSA 和 MT-EDFSA 算法的系统效率高于 CDFSA 算法。整体而言，DAS-DFSA 算法在同类算法中仍能达到较高的系统效率。

6.4.5 指令传输策略对比

等待时间不仅包括排队时间，还包括指令传递的通信时间。由于 Indicate 指令包括两个不同长度的指令：IndicateArrival 和 IndicateWait，长度分别为 48 位和 14 位。为了减少通信时间开销，IndicateArrival 指令有三种传输策略：第一种是间隔 1 个时隙发送 1 次 IndicateArrival 指令，其他时隙发送 IndicateWait 指令，称为"间隔 1 个时隙"策略；第二种是在等待过程的最后一个时隙和到达过程的所有时隙发送 IndicateArrival 指令，其他时隙发送 IndicateWait 指令，称为"最后 1 个等待及到达时隙"策略；最后一种是在每个时隙都发送 IndicateArrival 指令，称为"每个时隙"策略。不同传输策略的仿真结果比较如图 6-15 和图 6-16 所示。

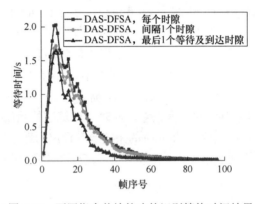

图 6-15　不同指令传输策略的识别等待时间结果

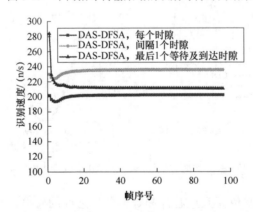

图 6-16　不同指令传输策略的识别速度结果

如 6.3.3 节所述，IndicateWait 或 IndicateArrival 指令都可以通知芯片参与该时隙的识别，但对芯片的状态要求不同。IndicateWait 指令用于通知等待芯片和到达芯片，而其他状态芯片无法响应。但是，IndicateArrival 指令通知所有未识别的芯片都可以响应。毫无疑问，IndicateArrival 指令相当于在帧中开启了子帧，并携带更多参数。虽然 IndicateArrival

指令可以替代 IndicateWait 指令，但如果在每个时隙广播此指令，则会占用太长的通信时间。

图 6-15 显示了使用不同 Indicate 指令传输策略时的等待时间结果。IndicateArrival 指令的长度几乎是 IndicateWait 指令的 3.5 倍，因此 IndicateArrival 指令发送的次数越多，通信时间就越长。如果每个时隙发送 IndicateArrival 指令，则不可避免地导致通信时间增加和等待时间最长。如果交替发送 IndicateArrival 和 IndicateWait 指令，即间隔 1 个时隙发送 IndicateArrival 指令，则等待时间将进一步缩短。根据分块隔离技术的分析，新到达芯片只参与到达过程，因此，如果 IndicateArrival 指令仅在等待过程的最后一个时隙和到达过程中发送，则等待时间最小化。这种传输策略对缩短等待时间的效果最为明显。图 6-15 中的"每个时隙""间隔 1 个时隙"和"最后 1 个等待及到达时隙"策略的结果分别证明了上述结论。

不同的 IndicateArrival 指令传输策略不仅影响芯片的等待时间，而且影响芯片的识别速度。虽然 IndicateWait 和 IndicateArrival 指令对等待芯片具有相同的功能，但是 IndicateArrival 指令需要更长的通信时间，因此 IndicateArrival 指令使用越多，识别速度越慢。图 6-16 显示了使用不同的指示到达指令传输策略时的识别速度结果。如果在每个时隙中发送 IndicateArrival 指令，必然导致通信时间的增加，并且识别速度最慢。如果在等待过程的最后一个时隙和到达过程中的所有时隙发送 IndicateArrival 指令，可以缩短通信时间，提高识别速度，但效果并不明显。然而，每间隔 1 个时隙发送 IndicateArrival 指令时，通信时间明显缩短，识别速度最快。这主要是因为间隔时隙越少，新到达芯片的识别越早，所以识别等待时间越短，识别速度越快。

6.5　小结

本章针对无源植入式芯片在动态场景的快速识别，设计了芯片动态到达过程模型和芯片动态识别过程模型，优化了算法的帧结构、指令结构和识别过程，允许新到达芯片快速参与帧的识别，从而缩短芯片的等待时间。采用分块隔离技术，将每一帧识别过程分为等待过程和到达过程，防止新到达芯片和等待芯片的碰撞，提高了系统效率。此外，采用不等长时隙，进一步降低了通信时间开销，大大提高了识别速度。

仿真结果表明，在相同的运行条件下，与其他同类算法相比，本书设计的 DAS-DFSA 算法的平均等待时间缩短了 44.548% 以上，识别速度提高了 39.053% 以上，可应用于稳定到达和随机到达的动态场景中的芯片快速识别。

第 7 章 RFID 防碰撞算法 RTL 级仿真验证

第 4、5、6 章分别对适用于无源植入式芯片的安全认证及防碰撞算法进行了研究设计，这些算法是无源植入式芯片数字基带电路的重要组成部分，为了验证这些算法的数字电路功能及正确性，本章采用硬件描述语言 Verilog HDL 对本书设计的算法进行数字电路 RTL 建模，然后采用 ModelSim 进行了仿真验证，并对芯片的应答过程采用 FPGA 进行了验证。

7.1 RFID 应用编码及温度读取 RTL 仿真

无源植入式芯片的唯一编码和温度感知是芯片应用的重要功能，本书在第 3 章中设计了一种兼容国家标准、国际标准及农业农村部畜禽编码规范的优化编码方案，参考 ISO/IEC 18000—63 等技术标准对温度读取指令及方案进行了设计。本节将对编码及温度读取进行 RTL 仿真。

7.1.1 RTL 代码设计

芯片的应用编码及温度读取由数字基带的输出控制模块实现，图 7-1 为芯片应用编码及温度读取过程中数字基带各模块接口框图，包括：初始化模块、输入控制模块、存储控制模块、温度传感模块、安全模块、输出控制模块及编码模块。

其中，初始化模块提供时钟信号 clk 和复位信号 reset；输入控制模块提供解码后的接收指令 cmd 及指令到达信号 cmd_coming；存储控制模块根据输出控制模块提供的 EEPROM 读取信号 E2read 和读使能信号 Read_en 实现对芯片编码 EPC_data 的读取，并给出读取完成信号 E2_done；温度传感模块根据输出控制模块提供的温度读取信号 TempRead 和温度使能信号 Temp_en 实现对温度传感器感知温度数据 Temp_data 的读取，并给出读取完成信号 Temp_done；安全模块根据接收到的随机数使能信号 RNG_en 产生新的随机数 RNG 并提供完成信号 RNG_done；输出控制模块负责防碰撞检测和指令应答，防碰撞检测负责完成芯片的单一化操作，完成后给出单一化完成信号 Anti_done 和应答句柄 RN16，同时根据接收到的指令进行应答，如果芯片完成单一化后接收到 Ack 指令，则检查 Ack 指令中的句柄 RN16 是否与自己的句柄相等，如果不相等则拒绝应答；如果相等，则进行应答处理，完成 Ack 指令的全部应答处理后，输出应答数据 Ack_data 和符合农业农村部编码标识的 Nongye_code，并给出应答完成信号 Reply_done；编码模块负责与射频模拟前端对接，将应答数据按要求进行编码。

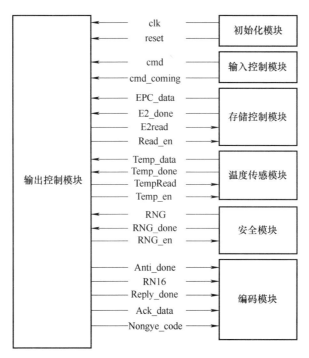

图 7-1　芯片应用编码及温度读取过程中数字基带各模块接口框图

芯片应用编码及温度读取过程涉及的芯片状态包括：准备 READY=2'b00、仲裁 ARBITRATE=2'b01、应答 REPLY= 2'b10、确认 ACK=2'b11。芯片状态跳转的关键 RTL 代码如下：

```
always @(cmd_type or Anti_done)
    case(state)
      READY:
        if(cmd_type == 2'b01)
          nextstate = ARBITRATE;
        else
          nextstate = READY;
      ARBITRATE:
        if(Anti_done)
          nextstate = REPLY;
        else
          nextstate = ARBITRATE;
      REPLY:
        if(cmd_valid && cmd_type == 2'b11)
          nextstate = ACK;
        else if(cmd_type == 2'b00 ||cmd_type == 2'b01 ||cmd_type == 2'b10)
          nextstate = ARBITRATE;
        else
      REPLY:
```

```
            if(cmd_valid && cmd_type == 2'b11)
               nextstate = ACK;
            else if(cmd_type == 2'b00 ||cmd_type == 2'b01 ||cmd_type == 2'b10)
               nextstate = ARBITRATE;
            else
               nextstate = REPLY;
        ACK:
            if(cmd_type == 2'b00 ||cmd_type == 2'b01 ||cmd_type == 2'b10)
               nextstate = ARBITRATE;
            else
               nextstate = ACK;
  endcase
```

当芯片被单一化后，如果接收到 Ack 指令并校验 RN16 通过，则开始读取芯片及温度数据，最后完成芯片应用编码转换工作，输出符合芯片应用需求的编码数据。关键 RTL 代码如下：

```
always @(posedge clk or negedge reset)
  if(~reset)
    begin
      ……
    end
  else
    begin
    if(RNG_en && RNG_done)
      RNG_en = ~RNG_en;
    case(state)
      READY:
        ……
      ARBITRATE:
        ……
      REPLY:
        if(cmd_coming_bak )
          cmd_coming_bak <= 1'b0;
      ACK:
        begin
        ……
        if(E2_done && Temp_done)
          begin
            Ack_data <= {EPC_data,Temp_data,40'b0,RN1;
            Nongye_code <={EPC_data[51:41],EPC_data[13:0],EPC_data[40:14]};
            Country <= EPC_data[61:52];
            AnimalType <= EPC_data[51:48];
            Area <= EPC_data[47:41]*10000 + EPC_data[13:0];
            AnimalID <= EPC_data[40:14];
```

```
            Temp1 <= Temp_data[9:4];
            Temp2 <= Temp_data[3:0];
            Reply_done <= 1'b1;
        end
      end
    endcase
  end
```

7.1.2　RTL 仿真验证

根据设计的温度读取方案，芯片温度数据附在 Ack 指令的应答数据中返回，实现阅读器对芯片应用编码及温度数据的同时读取。Ack 指令在阅读器接收到某个芯片应答的 RN16 后发送，并将接收到的 RN16 附加在 Ack 的参数中，以便于通知单一化成功的芯片进行应答，因此，当芯片接收到 Ack 指令后，需要判定指令中的参数 RN16 与自己的 RN16 是否一致，如果一致，则指令有效进行应答，否则，指令无效，芯片拒绝执行。如图 7-2 所示，芯片 Chip1 被单一化成功后，在 200000ps 时，该芯片接收到 Ack 指令，但是指令中 RN16 的值为 16'b0，而芯片存储 RN16 的值为 16'b 1010101010101011，显然，该 Ack 指令并不是发送给该芯片的，无须处理，即判定该指令无效 cmd_valid=1'b0，不做任何响应并保持自身状态不变。相反，如果两者一致，则需要应答芯片应用编码及温度数据。

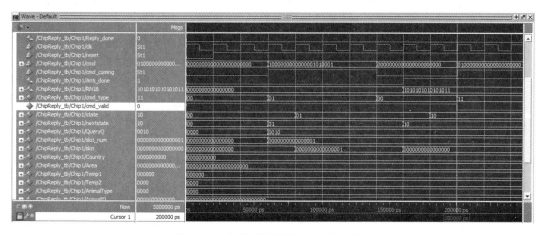

图 7-2　Ack 指令无效的 RTL 仿真结果

图 7-3 展示了 Ack 指令有效时，芯片应用编码及温度读取的 RTL 仿真结果。在 160000ps 时，该芯片完成单一化应答，并在 180000ps 时接收到 Ack 指令并且指令有效，则芯片跳转为确认状态 state=2'b11，并开启 EEPROM 的读取使能信号 Read_en 和温度传感器使能信号 Temp_en。在 1860000ps 时，芯片准备数据完毕并开始应答，应答的数据包括：完整数据包 Ack_data 和 Nongye_code。根据本书第 3 章设计的编码结构，Ack_data 数据的前 26bit 兼容 GB/T 20563—2006 标准和 ISO 11784 标准的代码结构，后 38bit 可以实现对全国畜禽按省份进行唯一编码。在扩展数据域存储区县级行政代码、温度数据及其他保留数据，同时，可以根据编码规则转换为符合农业农村部的畜禽编码

Nongye_code。

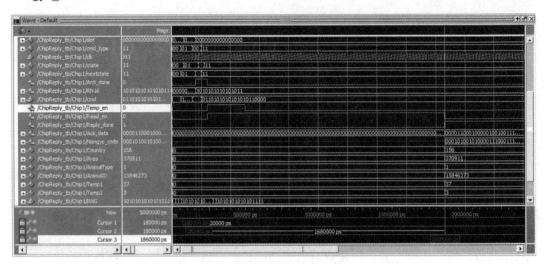

图 7-3　芯片应用编码及温度读取的 RTL 仿真结果

例如，本仿真中芯片应答的完整数据包 Ack_data 数据值为

144'b00001100010000010010011100000101001010001111000111001011100000010000111
00011111001010011000000000000000000000000000000000000000001010101010101011

解析可以得到农业农村部畜禽编码 Nongye_code 值为

52'b 0001010010100001110001111100011110001110010111000001

根据以上数据，可以解析得到芯片的国家，即 Country=10'b0010011100 代表中国的代码 156；所在区县，即 Area=21'b001011010100011011111 代表山东省泰安市岱岳区的代码 370911；畜禽类型，即 AnimalType=4'b0001 代表猪只代码 1；本区县的畜禽编码，即 AnimalID= 27'b000111100011100101110000001 代表猪只编码 15846273；本次测量体温的整数值，即 Temp1=6'b100101 代表温度值 37；体温的小数值，即 Temp2=4'b 0011 代表温度值小数 3。由此可知，该芯片的读取结果表示中国山东省泰安市岱岳区编码为 15846273 猪只的当前体温为 37.3℃，芯片应用编码 137091115846273 符合农业农村部畜禽管理标识编码规则。

以上 RTL 仿真结果表明，该种芯片应用编码及温度读取的数字电路不仅可以兼容国家标准及国际标准编码，同时可以满足农业农村部对畜禽编码的管理要求，更为重要的是，该编码方案将芯片唯一编码与体温数据绑定读取，不仅可以提升系统生产效率及数据准确性，更加便于畜禽数据的交换共享。

7.2　RFID 安全认证协议 RTL 仿真

根据第 4 章 4.3.3 节中设计的超轻量级双向安全认证协议，芯片数字基带电路中的安全认证协议包括：通过计算接收到的消息 R 实现对阅读器的认证、认证阅读器成功后计算并发送消息 S、更新密钥信息 IDS 及 K。

7.2.1　RTL 代码设计

安全认证协议在数字基带的安全模块实现，与初始化模块、存储控制模块、输入控制模块及输出控制模块之间进行数据及信号的传递。图 7-4 为安全认证执行过程数字基带各模块接口框图。其中，初始化模块提供时钟信号 clk 及复位信号 reset；存储控制模块负责读取 EEPROM 中存储的密钥 k 及假名 ids，认证协议执行完成后将更新后的密钥 knew 和假名 idsnew 输出至存储控制模块进行存储；输入控制模块将接收并解码后的认证消息 p、q 和 r 传递给安全模块；当芯片完成对阅读器的认证后计算认证消息 s，与认证完成信号 auth_res 和认证结果 auth_done 发送给输出控制模块，如果芯片对阅读器的认证失败，则只输出 auth_res 和 auth_done 信号。

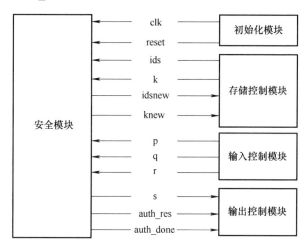

图 7-4　安全认证执行过程数字基带各模块接口框图

安全认证的计算过程通过状态机配合完成，包括主状态机、消息计算状态机两种。主状态机包括六种状态，分别为：空闲状态 IDLE=3'b000、随机数计算状态 RANDOM=3'b001、消息 R 计算状态 COMPUTR=3'b010、认证状态 AUTHREADER= 3'b011、消息 S 计算状态 COMPUTS= 3'b100 和密钥更新状态 UPDATEKEY= 3'b101。消息 R、S 及密钥更新的计算过程可以分别设计不同的计算过程状态机。主状态机状态跳转的关键 RTL 代码如下：

```
always @(*)
    case(state)
      IDLE:
        if(auth_en)
          nextstate = RANDOM;
        else
          nextstate = IDLE;
      RANDOM:
        if(RANDOM_done && !auth_done)
          nextstate = COMPUTR;
        else
```

```
        nextstate = RANDOM;
    COMPUTR:
      if(COMPUTR_done && !auth_done)
        nextstate = AUTHREADER;
      else
        nextstate = COMPUTR;
    AUTHREADER:
      if(auth_done)
        nextstate = IDLE;
      else if(AUTHREADER_done)
        nextstate = COMPUTS;
      else
        nextstate = AUTHREADER;
    COMPUTS:
      if(COMPUTS_done)
        nextstate<=UPDATEKEY;
      else
        nextstate<=COMPUTS;
    UPDATEKEY:
      if(UPDATEKEY_done)
        nextstate<=IDLE;
      else
        nextstate<=UPDATEKEY;
  endcase
```

安全认证计算过程包括芯片对阅读器的认证、认证通过后的计算消息 S、更新密钥信息。关键 RTL 代码如下：

```
always @(posedge clk or negedge reset)
  if(~reset)
    begin
    ……
    end
  else
    begin
    case(state)
      IDLE:
        if(UPDATEKEY_done)
          begin
            idsnew <= Rot_Rot_IDS;
            knew <= Rot_K;
            auth_done <= 1'b1;
            auth_res <= 1'b1;
          end
      RANDOM:
```

```verilog
    begin
      // 提取随机数 m、n、m'
      ......
COMPUTR:
  Begin
    case(R_state)
      auth_done  <= 1'b1;
      auth_res  <= 1'b1;
    end
RANDOM:
  begin
    // 提取随机数 m、n、m'
    ......
COMPUTR:
  begin
    case(R_state)
      R_STEP_IDLE: //开始计算 R
        begin
          R_STEP_en  <= 1'b1;
          reg_IDSn  <= ids^reg_cn;
          LeftCount <=95;
          Rot_KIDSn <=k;
        end
      R_STEP_1: //开始计算 R
        begin
          if(LeftCount >= 0)
            begin
              if(reg_IDSn[LeftCount]==1'b1)
                begin
                  leftcnt  <= leftcnt + 1'd1;
                  Rot_KIDSn <= {Rot_KIDSn[94:0],Rot_KIDSn[95]};
                end
              LeftCount <= LeftCount - 1'd1;
            end
          else
            begin
              R_STEP_1_done <=1'b1;
              leftcnt  <= 0;
              LeftCount <= 95;
              Rot_Rot_R <= Rot_KIDSn^reg_cm1;
            end
        end
      R_STEP_2: // 开始计算 R
```

```
            begin
              if(LeftCount >= 0)
                begin
                  if(k[LeftCount]==1'b1)
                    begin
                      leftcnt <= leftcnt + 1'd1;
                      Rot_Rot_R <= {Rot_Rot_R[94:0],Rot_Rot_R[95]};
                    end
                  LeftCount <= LeftCount - 1'd1;
                end
              else
                begin
                  R_STEP_2_done <=1'b1;
                  leftcnt <= 0;
                  LeftCount <= 95;
                  R_STEP_en <= 1'b0;
                  COMPUTR_done <=1'b1;
                end
          end
          endcase
        end
  AUTHREADER:
    if(Rot_Rot_R == r)
      AUTHREADER_done <=1'b1;
    else
      auth_done <=1'b1;
  COMPUTS:
    //开始计算消息 S
    ......
  UPDATEKEY:
    //开始更新密钥信息 K 和 IDS
    ......
  endcase
end
```

7.2.2　RTL 仿真验证

当接收到的 P、Q 或 R 消息被篡改后，芯片计算得到的 R 与接收到的消息不符，将导致芯片对阅读器的认证失败，从而认证会话终止。如图 7-5 所示，芯片接收到的消息 r 值为 24'h783479b91f9638891aff9517，而芯片计算得到的消息 Rot_Rot_R 的值为 24'he894915a8e84d535508fb914，两者不相等，说明阅读器为非法用户或攻击者，因此，无法通过对阅读器的认证，导致认证失败而会话终止，并将认证完成信号 auth_done 置为 1'b1、认证结果信号 auth_res 置为 1'b0。相反，如果两者相等，则对阅读器的认证成功，认证协议继续执行其他功能。

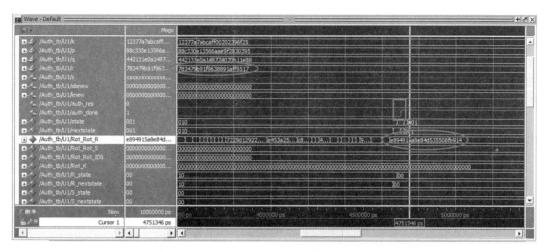

图 7-5　芯片对阅读器认证失败的 RTL 仿真结果

如图 7-6 所示，双向协议认证成功后接收到的消息 r 与计算得到的 Rot_Rot_R 的值都为 24'he894915a8e84d535508fb914，阅读器端计算得到的消息 s 与芯片计算得到的 Rot_Rot_S 的值都为 24'h6b3182dbf5b28212b00fa5e7；生成新的假名 IDS 值为 24'h11dfb4252304a76026281cd1，新的密钥 K 的值为 24'ha4ee440f91737d05b58126c6；认证会话终止后，将认证结果信号 auth_res 置为 1'b1，认证结束信号 auth_done 信号置为 1'b1。

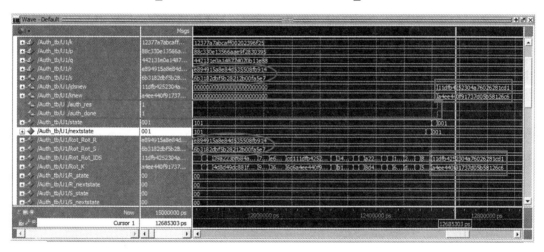

图 7-6　芯片认证成功的 RTL 仿真结果

根据上述仿真，Verilog HDL 语言实现的安全认证协议可以实现对阅读器的合法性认证，当无法通过认证时，芯片拒绝与阅读器的通信，从而保证了芯片的安全。

7.3　RFID 防碰撞算法 RTL 仿真

本节对第 5 章中设计的静态防碰撞算法、第 6 章中设计的动态场景的高效防碰撞算法的芯片数字电路进行 RTL 仿真验证。芯片数字基带中的防碰撞电路由状态机、盘点指令执行、时隙随机数生成等电路组成，其中状态机负责芯片状态的控制，以便响应不同的盘点指令；盘点指令负责时隙随机数的计算、应答 RN16 等。

7.3.1 RFID 静态防碰撞算法 RTL 代码设计

防碰撞算法在防碰撞模块电路中实现，算法电路包括初始化模块、输入控制模块、RNG 子模块和输出控制模块。图 7-7 是防碰撞算法执行过程的数字基带各模块接口框图。

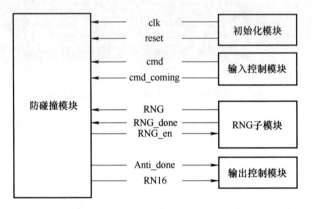

图 7-7　防碰撞算法执行过程的数字基带各模块接口框图

其中，初始化模块提供时钟信号 clk 和复位信号 reset；输入控制模块提供解码后的接收指令 cmd 及指令到达信号 cmd_coming；RNG 子模块根据接收到的 RNG 使能信号 RNG_en 产生一个随机数 RNG，并提供工作完成信号 RNG_done；防碰撞模块在完成芯片的单一化操作后，输出单一化完成信号 Anti_done 和应答句柄 RN16。

防碰撞算法执行过程中涉及三种芯片状态，包括：准备状态 READY=2'b00、仲裁状态 ARBITRATE=2'b01、应答状态 REPLY= 2'b10。涉及三种盘点指令：QueryRep=2'b00、Query=2'b01、QueryAdj=2'b10。状态跳转的关键 RTL 代码如下：

```
always @(*)
  case(state)
    READY:
      if(cmd_type == 2'b01)
        nextstate = ARBITRATE;
      else
        nextstate = READY;
    ARBITRATE:
      if(Anti_done)
        nextstate = REPLY;
      else
        nextstate = ARBITRATE;
    REPLY:
      if(cmd_type == 2'b00 ||cmd_type == 2'b10)
```

```
         nextstate = ARBITRATE;
      else
         nextstate = REPLY;
   endcase
```

当接收到 Query 指令时，芯片根据伪随机数生成一个小于等于 2^Q 的时隙随机数，后续接收到 QueryRep 指令后进行递减，当时隙随机数为 0 时，该芯片进行应答响应 RN16。算法执行的关键 RTL 代码如下：

```
always @(posedge clk or negedge reset)
   if(~reset)
   begin
      ......
   end
   else
   begin
   case(state)
     READY:
       cmd_coming_bak )
         begin
           if(cmd_type == 2'b01 || cmd_type == 2'b10)
           begin
             slot <= slot_num;
             if(slot_num == 0)
               begin
                 RN16 <= RNG;
                 Anti_done <= 1'b1;
               end
             cmd_coming_bak <= 1'b0;
           end
         end
     ARBITRATE:
       begin
       if (Anti_done)
         Anti_done <= 1'b0;
       if( cmd_coming_bak )
         begin
   if(cmd_type == 2'b01)
           begin
             slot <= slot_num;
             if(slot_num == 0)
               begin
                 RN16 <= RNG;
                 Anti_done <= 1'b1;
                 RNG_en <= 1'b1;
               end
             cmd_coming_bak <= 1'b0;
```

```
        end
      else if(cmd_type == 2'b00)
        begin
          if(slot >=1)
            slot <= slot - 1'd1;
          else
            slot <= 1'd0;
          if(1 == slot)
            begin
              RN16 <= RNG;
              Anti_done <= 1'b1;
              RNG_en <= 1'b1;
            end
          cmd_coming_bak <= 1'b0;
        end
      else if(cmd_type == 2'b10)
        begin
          slot <= slot_num;
          if(slot_num == 0)
            begin
              RN16 <= RNG;
              Anti_done <= 1'b1;
              RNG_en <= 1'b1;
            end
          cmd_coming_bak <= 1'b0;
        end
    end
  end
REPLY:
  ......
  endcase
end
```

7.3.2　RFID 静态防碰撞算法 RTL 仿真验证

　　本仿真实验中，芯片连续接收到的阅读器指令为 Query、QueryRep、QueryRep、QueryRep、QueryAdj、QueryRep、QueryRep、Query、QueryRep、QueryRep 和 QueryRep。

　　图 7-8 模拟四个芯片发生碰撞的情况，实验中四个芯片同时参与当前识别周期。在 60000ps 时，所有芯片都接收到 Query 并得到当前的参数 Q=2d，执行 Query 指令后，芯片 chip1 和 chip4 选择到的时隙随机数为 2d，同时，芯片 chip2 和 chip3 选择到的时隙随机数为 3d，显然，如果这四个芯片同时参与后续识别，将导致碰撞的发生。在 200000ps 时，芯片 chip1 和 chip4 的时隙数都为 0，符合应答条件，将同时应答 RN16，此时这两个芯片发生了一次碰撞。同理，在 300000ps 时，芯片 chip2 和 chip3 也会发生碰撞，导致阅读器无法正确识别任何芯片。

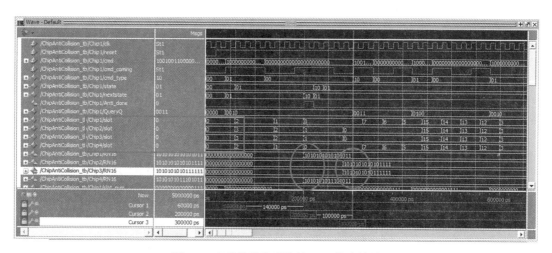

图 7-8　多芯片发生碰撞的 RTL 仿真结果

图 7-9a 展示了防碰撞算法的完整执行过程，图 7-9b 主要展示了芯片成功单一化的结果，图 7-9c 主要展示了芯片对不同指令响应结果。

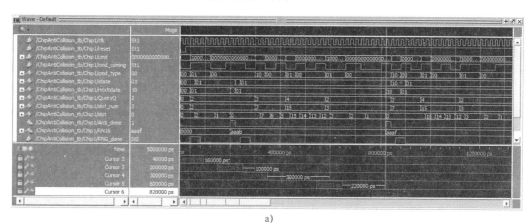

a)

图 7-9　静态防碰撞算法完整执行的 RTL 仿真结果

a）算法完整执行过程　b）成功单一化结果

b)

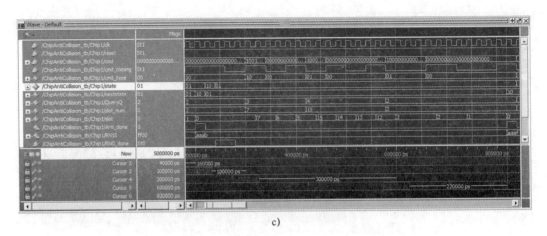

c)

图 7-9　静态防碰撞算法完整执行的 RTL 仿真结果（续）

c）对不同指令响应结果

如图 7-9b 所示，在 4000ps 时芯片接收到 Query 指令，解析得到帧长参数 Q 为 2，计算得到时隙数 slot_num=2d 并赋值给当前时隙号 slot；当接收到 QueryRep 时，slot 自动减 1d。在 200000ps 时，当前时隙号 slot 的值为 0，芯片立即应答 RN16=aaabh，同时跳转到应答状态 state=2'b10；当再次接收到 QueryRep 时，芯片跳转到仲裁状态 state=2'b01。如图 7-9c 所示，在 300000ps 时，芯片接收到 QueryAdj 指令，解析指令中的 Q 值调整参数为 3'b110，即 Q 值加 1，计算得到新的 Q 值为 3d，并计算得到时隙数 slot_num=7d，根据后续接收到的不同指令进行处理。当接收到新的 Query 指令时，终止当前识别周期，选择新的时隙。例如，在 600000ps 时，当前的时隙号 slot=12d，但是接收到新的 Query 指令，重新计算得到时隙随机数为 3d，在 820000ps 时，当前时隙号 slot 的值为 0，再次成功应答 SN16=aaafh。

本仿真结果验证了防碰撞算法在芯片数字基带电路中的执行过程，可以执行不同的盘点指令、完成芯片状态的跳转、根据指令参数选择不同的时隙数，从而可以实现不同芯片的分时应答，有效避免多个芯片的碰撞。

7.3.3　RFID 动态防碰撞算法 RTL 代码设计

与 7.3.2 节类似，芯片数字基带中的防碰撞电路也由状态机、盘点指令执行、时隙随机数生成等电路组成，状态机负责芯片状态的控制，以响应不同的盘点指令；盘点指令负责时隙随机数的计算、应答 RN16 等。动态算法执行过程中数字基带各模块接口框图与静态防碰撞算法相同，如图 7-7 所示。

本仿真中，芯片动态防碰撞算法数字电路的状态机包括两种：主状态机和识别过程状态机。其中，主状态机负责芯片状态的跳转，作用与 GB/T 29768—2013 或 ISO/IEC 18000—63 中的定义相同，包括三种状态，分别编码为：准备状态 READY=2'b00、仲裁状态 ARBITRATE=2'b01、应答状态 REPLY= 2'b10；识别过程状态机负责该芯片当前的识别过程状态，包括四种状态，分别编码为：新到达状态 NewArrival=2'b00、到达状态 Arrival=2'b01、等待状态 Wait= 2'b10 和识别状态 Identity= 2'b11。该算法涉及三种盘点指令，编码为：Start=2'b00、IndicateWait=2'b01、IndicateArrival=2'b10，分别用于等待及准备、到达及等待、全部芯片的识别过程。

识别过程状态机的状态跳转关键 RTL 代码如下：

```
always @(*)
  case(identify_state)
    NewArrival:
      if(cmd_type == 2'b00 ||cmd_type == 2'b10)
        identify_nextstate = Arrival;
      else
        identify_nextstate = NewArrival;
    Arrival:
      if(Anti_done)
        identify_nextstate = Identity;
      else if(cmd_type == 2'b00)
        identify_nextstate = Wait;
      else
        identify_nextstate = Arrival;
    Wait:
      if(Anti_done)
        identify_nextstate = Identity;
      else
        identify_nextstate = Wait;
    Identity:
      if(cmd_type == 2'b00)
        identify_nextstate = Wait;
      else
        identify_nextstate = Identity;
  endcase
```

芯片的时隙数计算后保持不变，当帧识别过程中的时隙数与芯片的时隙数相等时，芯片立即应答 RN16。芯片单一化过程的关键 RTL 代码如下：

```
always @(posedge clk or negedge reset)
  if(~reset)
    begin
      ……
    end
  else
    begin
    case(state)
      READY:
        if( cmd_coming_bak )
          begin
            cmd_coming_bak <= 1'b0;
          end
```

```
    ARBITRATE:
      begin
      if (Anti_done)
        Anti_done <= 1'b0;
      if( cmd_coming_bak )
        begin
          if(cmd_type == 2'b00)
            begin
              cmd_coming_bak <= 1'b0;
            end
          else if(cmd_type == 2'b01)
            begin
              if(identify_state == 2'b01 || identify_state == 2'b10 )
                if(SIDt == SIDc)
                  begin
                    RN16 <= RNG;
                    Anti_done <= 1'b1;
                    RNG_en <= 1'b1;
                  end
              cmd_coming_bak <= 1'b0;
            end
          else if(cmd_type == 2'b10)
            begin
              if(identify_state == 2'b00)
                if(SIDt == SIDc)
                  begin
                    RN16 <= RNG;
                    RNG_en <= 1'b1;
                    Anti_done <= 1'b1;
                  end
              cmd_coming_bak <= 1'b0;
            end
        end
      end
    REPLY:
      ......
    endcase
  end
```

7.3.4   RFID 动态防碰撞算法 RTL 仿真验证

图 7-10 展示了动态防碰撞算法完整执行的 RTL 仿真结果。在 40000ps 时，接收到 Start 指令后提取到当前帧的帧长 CurrL=16d 和等待芯片可以选择的最大时隙数 SIDw=6d，根据算法的时隙数计算规则，选择得到时隙数 SIDt=5d，芯片进入仲裁状态。

在后续识别中，当接收到 IndicateWait 和 IndicateArrival 指令时，判断自己的时隙数 SIDt 与当前帧识别过程的时隙数 SIDc 是否相等，如果相等，则芯片立即应答 RN16，并将芯片的识别过程状态跳转至识别状态、主状态跳转至应答状态。例如，在 340000ps 时，该芯片完成一次单一化应答。在 420000ps 时，芯片接收到 Start 指令，即表明进入下一次识别周期，芯片的识别过程状态为等待、主状态为仲裁，并根据参数生成新的时隙数 SIDt。以上仿真结果完整地验证了芯片数字电路中动态防碰撞算法的运行过程，为了验证芯片动态参与识别的运行情况，进行了如下仿真实验。

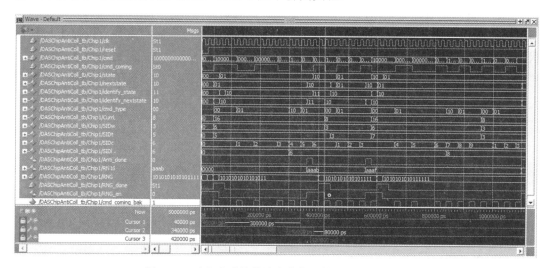

图 7-10　动态防碰撞算法完整执行的 RTL 仿真结果

图 7-11 展示了芯片动态到达并参与识别的 RTL 仿真结果。在帧识别过程中，芯片 Chip1 为原来已经存在的芯片，而芯片 Chip2 是在识别过程中新到达的芯片。在 200000ps 时，芯片 Chip2 进入阅读器的识别范围并被激活，芯片分别进入准备状态和新到达状态，该芯片在 260000ps 时接收到 IndicateWait 指令，由于 IndicateWait 指令不处理新到达

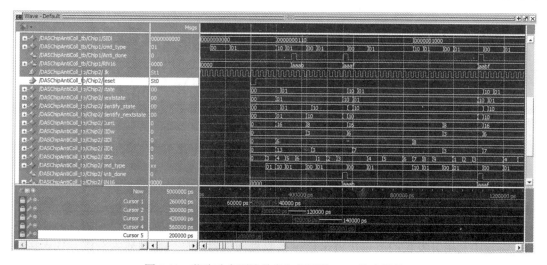

图 7-11　芯片动态到达并参与识别的 RTL 仿真结果

芯片，因此芯片不做任何响应，状态不变；在 300000ps 时，接收到 IndicateArrival 指令后，芯片可以响应并开始执行，提取得到当前帧的帧长 CurrL=16d，新到达芯片可以选择的最小时隙数 SIDl=6d，按照算法的规则选择芯片的时隙数 SIDt=13d，同时，该芯片进入仲裁状态、到达状态。在 420000ps 时，该芯片接收到 Start 指令，说明进入了下一个识别周期，此时，芯片状态更新为等待状态，并重新计算得到时隙数 SIDt=3d。在后续连续收到三条 IndicateWait 指令后，该芯片时隙数 SIDt 与当前识别时隙数 SIDc 相等，芯片立即应答 RN16 并进入应答状态，完成了该芯片在本识别周期内的单一化。

本次 RTL 仿真结果表明，本书提出的动态高效防碰撞算法的数字电路可以实现芯片的单一化操作，可以实现动态到达芯片的参与识别并选择对应的时隙数，以便于与其他状态芯片进行隔离。

7.4 RFID 芯片应答过程 FPGA 验证

在 7.1 节中已经对芯片的应用编码及温度读取进行了 RTL 仿真，为了验证代码的有效性，在 ModelSim 仿真的基础上，本节对其进行 FPGA 验证。

7.4.1 实验环境与方案

实验在 Altera 公司的 EDA 设计工具 Quartus Ⅱ 12.0 (64bit)下开发编译，并采用 Altera Cyclone Ⅳ E 开发板验证，该开发板带有八个 LED、一个复位按键、四个按键，如图 7-12 所示。

图 7-12 Altera Cyclone Ⅳ E 开发板

实验中利用开发板的三个按键来模拟接收到阅读器的命令，具体为按键一代表接收到 Query 指令、按键二代表接收到 QueryRep 指令、按键三代表接收到 Ack 指令。通过八个 LED 来展示芯片的执行过程及结果,具体为 LED=8'b00001111 表示单一化成功、LED=8'b11101110 表示芯片应答成功、LED=8'b11111111 表示上电复位。

为了更直观地展示芯片的应答过程及数据,实验中通过串口将芯片应答信息同时发送至上位机串口,并以 16 进制的方式展示。实验环境如图 7-13 所示。

图 7-13　FPGA 实验环境

7.4.2　工程编译及综合

FPGA 工程在 Quartus Ⅱ 12.0(64bit)环境下进行开发编译,工程包含 ChiReplyTop、RNG、I_TEMP、I_E、ChipReply 和 UartSend 共六个模块,其中 ChipReplyTop 为工程的 Top 层模块。图 7-14 为 Quartus Ⅱ 的全编译结果,图 7-15 展示了工程综合后的网表文件。

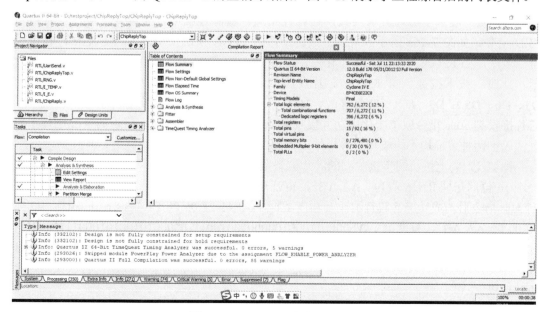

图 7-14　Quartus Ⅱ 的全编译结果

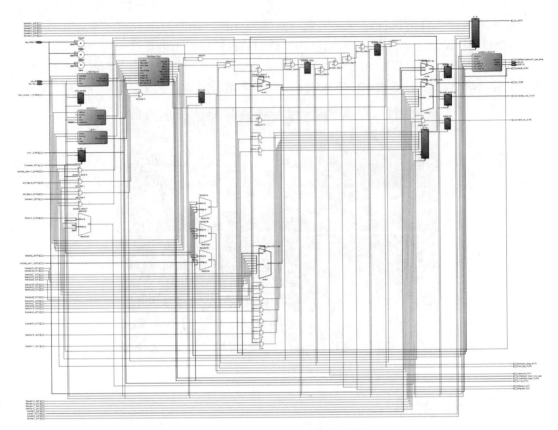

图 7-15　工程综合后的网表文件

7.4.3　实验结果

图 7-16 展示了芯片应答实验的过程及结果。实验过程中，先按复位键，此时八个 LED 全亮，如图 7-16a 所示；再按下按键一，向 FPGA 发送 Query 指令；然后，按下按键二多次，当 FPGA 芯片成功单一化后，LED 的 D3、D2、D1、D0 亮起，如图 7-16b 所示；此时，按下按键三向 FPGA 芯片发送 Ack 指令，芯片成功应答数据后，LED 的 D7、D6、D5 和 D3、D2、D1 灯亮起，如图 7-16c 所示。同时，本实验对未单一化成功时芯片接收到 Ack 指令或单一化成功并接收到 Ack 指令，但是 RN16 错误的情况进行了验证，以上两种情况均不能成功应答，结果如图 7-16d 所示。

图 7-17 为上位机同步接收到的芯片应答数据，当阅读器被单一化成功后会首先应答一个 16 位的句柄 RN16 值为 "AA AB"，也就是 16'b1010101010101011；之后，芯片接收到 Ack 指令后，成功应答芯片编码及温度数据 "0C 41 27 05 28 F1 CB 81 0E 3E 53 00 00 00 00 00 AA AB"，也就是 144'b000011000100000100100111000001010010100011110001110010111000000100001110001111100101001100000000000000000000000000000000000000000000010101010101011。以上两个数据与 7.1.2 节 ModelSim 仿真结果一致，说明该代码符合设计要求。

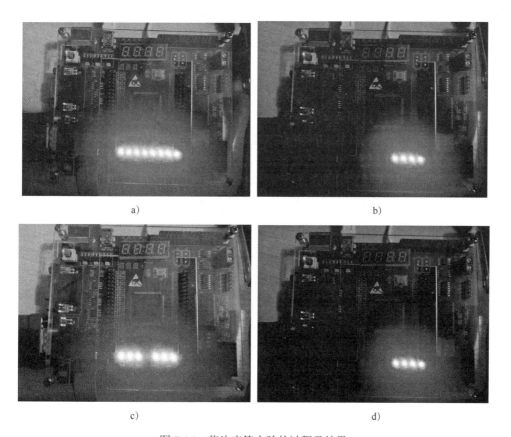

图 7-16　芯片应答实验的过程及结果

a）上电复位　b）单一化成功　c）成功应答　d）异常情况未成功应答

图 7-17　芯片应答结果

7.5　小结

本章采用 Verilog HDL 语言和 ModelSim 软件，分别对第 3 章设计的无源植入式芯片应用编码及温度读取方案、第 4 章设计的超轻量级双向安全认证协议、第 5 章设计的静态场景高效防碰撞算法、第 6 章设计的动态场景高效防碰撞算法进行了数字电路 RTL 代码设计及仿真验证，验证了相关算法在芯片数字基带电路中的正确性及可行性，并对芯片应答部分电路进行了 FPGA 验证，为后续芯片完整的数字电路设计奠定了基础。

第 8 章 基于无源植入式 RFID 芯片的智慧畜牧典型案例

8.1 牲畜健康监测研究

猪病是制约规模化养猪业发展的重要因素之一，尤其是规模化猪场猪的病毒性疫病给养猪业带来了极大的损失[208]。本章基于无源植入式芯片，综合应用 RFID 技术、ZigBee 技术及嵌入式系统技术，设计集中式猪舍养殖环境下猪体温和饮水行为的自动监测系统，为猪的精准管理、疾病早期诊断提供技术支撑。

8.1.1 体温监测

牲畜体温一般分为直肠（核心）温度、体表温度和皮下温度，体温监测工具主要有：红外温度计[209]、数字或水银温度计[210]、植入式芯片[209-211]和耳标式温度传感器[212]。红外温度计可以测量体表[209]或鼓室体温[210]，数字或水银温度计主要用于测量直肠（核心）体温[210]，植入式芯片主要测量皮下体温[209]。智能穿戴设备、红外成像技术也被用于测量牲畜的体温，但成本高、性能差异大，不易实施。基于机器视觉的猪体温测量方法可以判断猪的体温，但成本高、实时性差。胶囊状无线温度传感器[212]也被用于测量猪的体温，但需要手术埋入体内，操作复杂、风险高。呼吸道测量体温[213]和直肠体温测量尽管准确，但测温时间长、操作复杂、效率低，不适用于规模化养殖下实时获取每头猪的体温数据[214]，并可能导致黏膜撕裂或感染。安装有 RFID 阅读器的耳标可以读取植入式微芯片采集的猪体温数据[211]，但每头猪都要佩带耳标，导致成本增加，同时存在猪只互相撕咬、耳标脱落等问题。相反，鼓室红外温度计和植入式微芯片转发器使用更加方便[210]，植入式芯片通过注射器可以无害地非手术植入，方便、人性、可靠。支持表皮体温测量的植入式芯片已被应用于测量羊、马[210]、老鼠[215]的体温测量实验。老鼠[209]和山羊体温[210]研究表明，皮下体温与核心体温存在极好的一致性。因此，通过植入式芯片测量猪皮下体温是一种更加合理、易于操作的解决方案。

8.1.2 饮水监测

猪饮水行为是判定猪只是否健康的重要依据，包括饮水次数和饮水量两个指标。例如，哺乳期母猪在健康期和患病期饮水次数及饮水量存在显著差异，通过监测母猪的饮水行为可以辨别患病母猪[216]。但是，传统的人工观察方法劳动量大、效率低。现在对猪行为的观测方法已有人工观察向电子测量、视频监测和声音监测方向发展[217]。随着电子标识、自动控制和机器视觉技术的发展，耳标识别及嵌入式控制系统可以实时采集每头猪的采食行为和采食量[218]。目前，对猪饮水行为的监测方法主要包括基于机器视觉方法[219]和 RFID 耳标结合水流传感器方法。基于机器视觉方法利用视频监控设备采集图像来识别猪的行为[211,219-221]，同时可以识别猪只的身份[219]。通过视频判定猪的饮水时间，利用饮水量模型计算得到饮水量[222]，由于水量不仅依赖于时间，还与水压有关，同时猪的戏水行为也容易被误判为饮食，因此此种方法对饮水量的计算并不准确。相反，利用传统 RFID 耳标和水流量传感器[223,224]建立猪识别和饮水行为监测为一体的采集节点，可以完成对猪饮水行为和饮水量实时监测，但传统耳标被撕咬、损坏和丢失的问题依然存在。更重要的是，以上方法都无法实现猪只身份、体温与饮水行为的一体化、协同监测，难以准确同步匹配。

8.2 基于无源植入式 RFID 芯片的猪体温及饮水监测系统

8.2.1 系统整体设计

1．系统功能

本书设计的猪体温及饮水监测系统主要实现猪只身份、体温、饮水次数及饮水量的协同、一体化连续监测，并将监测数据实时传送至服务器，以辅助饲养员和兽医的日常管理及疫病诊断。系统功能包括：猪只身份 ID 识别、体温连续自动测量、饮水行为和饮水量准确监测、监测数据实时传送等功能。猪只的身份 ID 识别和体温测量由植入式芯片一体化实现，克服传统耳标和人工测量体温的不足；饮水行为和饮水量的监测由水流量传感器完成，并可以与 RFID 阅读器实现数据的协同感知、自动关联，提高了数据准确性和可用性。

2．系统架构

根据系统的功能，设计了系统的整体架构，如图 8-1 所示。本书只完成猪舍内部系统的设计与实现，包括监测系统的硬件和软件部分。

以猪圈为单位部署监测节点，每个节点将采集到的监测数据通过 ZigBee 网络发送至通信网关，通信网关利用 GPRS 模块与云端服务器通信，实现监测数据的实时上传，供饲养员和兽医查阅。

3．体温及饮水行为监测

为了更好地发挥体温和饮水行为在猪病诊断中的作用，体现两者之间的时间关联关系，本系统将体温与饮水行为自动关联、协同监测。正常来说，本监测系统中体温测量和饮水行为两个事件应该同时发生，但存在以下两种特殊情况：一是当猪饮水事件发生时，可能因为 RFID 阅读器与猪的位置距离太远导致没有采集到猪的身份 ID 和体温数据，这属于漏读，但饮水行为监测数据依然有效；二是当 RFID 阅读器成功读取身份 ID 和体温数据时，没有监测到饮水行为，这可能猪正在饮水，或是玩耍导致，属于正常情况，此时监测得到的身份 ID 和体温数据依然有效。即只要能监测到猪的身份 ID、体温以及饮水量中的一个数据，则认为监测事件发生，需要上报。

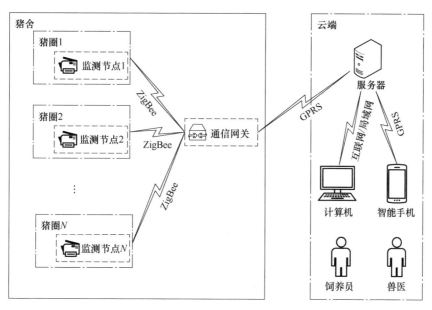

图 8-1　监测系统架构

8.2.2　系统硬件方案

1. 猪用自动饮水器

猪场常用自动饮水器主要有三种：鸭嘴式、乳头式和碗（杯）式。碗式饮水器是由一个垂直向下的乳头饮水器和一个碗构成，猪只饮水时将嘴伸入碗中，触碰乳头式开关后水会流到碗中。相对鸭嘴和乳头式饮水器，碗式饮水器具有节水、节药、保持圈舍干燥和防止猪只划伤等优势。因此，选用碗式饮水器为猪只供水，采用通用的四分管直接与自来水管连接。

2. 水流量传感器

涡轮式流量传感器的工作原理为：当水流穿过传感器的叶轮时，叶轮的转速与水流的速度成正比，叶轮的转动带动磁铁输出周期性的脉冲信号，由控制器对脉冲信号进行计数，可以计算得到水流量[225]。水流速度计算采用涡轮式流量传感器（中江，YF-S201C型）完成，与猪饮水碗的进水端同方向安装，用于监测猪的饮水量。水流速度与脉冲信号的转换公式如下：

$$Q = \frac{f}{5} \tag{8-1}$$

式中　Q——水流速度，单位为 L/min；
　　　f——脉冲频率，单位为 Hz。

3. RFID 阅读器

根据植入式芯片的工作频率，选取工作频率为 134.2kHz、兼容 ISO 11784/ISO 11785 标准的 D-Think_M30Z134RFID 阅读器，由无线监测终端控制该模块。通过通用异步收发传输器（UART）通信，可以读取 RFID 芯片的 12 字节数据，其中第 1～5 字节为该国内唯一识别码，高 2 位无效，共 38 位有效；第 6～7 字节为 ISO 3166 国家编码，高 6 位无效，共 10 位有效；第 8 字节为附加数据标志位，高 7 位为保留数据，最低 1 位有效，当附加数据有效时，最低位为 1，否则为零；第 9 字节为动物标志位，高 7 位为保留数据，最低 1 位有效，当芯片应用于动物管理时，最低位为 1，否则为零；第 10～12 字节为附加数据。根据 ISO 11784 规定，附加数据域可以存放设备测量得到的生理数据，显然，植入式芯片测得的体温数据可以通过附加数据返回给阅读器。

根据猪的颈部尺寸可以将 RFID 阅读器封装为梯形或三角形，以便于卡住猪的脖子为宜，如图 8-3 所示。

4．监测设备

监测设备包括监测节点和通信网关。监测节点由 RFID 阅读器、水流传感器模块和 CC2530 模块组成，RFID 阅读器负责读取猪的身份 ID 和体温数据；水流传感器模块负责监测猪的饮水行为；CC2530 模块作为 ZigBee 网络的终端节点，负责与协调器组网及数据传送。通信网关由 CC2530 模块作为协调器管理当前的 ZigBee 网络并汇总监测节点发送的数据，通过 GPRS 模块与服务器通信，实现监测数据的实时上报发送。监测节点选择安联德 CC2530 开发板作为底板，实现水流量传感器与 RFID 阅读器的集成，通过 UART 与 RFID 阅读器进行通信和数据交互。组装完成的监测设备如图 8-2 所示。

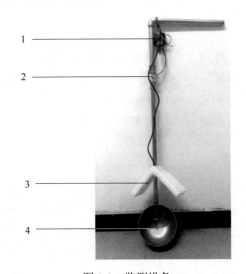

图 8-2　监测设备

1—监测节点　2—水流传感器　3—RFID 阅读器　4—猪用饮水碗

8.2.3　系统安装与实现

1．系统安装方案

由于 RFID 通信距离较近，植入猪体后的通信距离会进一步缩短，因此，为了保证能正确识别植入式芯片，要保证阅读器接收器尽可能与芯片植入位置的皮肤靠近。另外，终端的安装方案应该满足不同生长周期猪只的识别，同时需要保证在饮水过程中不受其他猪只的干扰。设计的监测终端安装方案如图 8-3 所示。

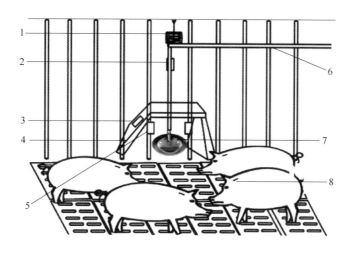

图 8-3　监测终端安装方案

1—监测节点　2—水流传感器　3—RFID 阅读器　4—可升降挡板　5—挡板最低卡位

6—饮水管　7—猪用自动饮水碗　8—植入式芯片

　　监测终端通过有线的方式连接并控制 RFID 阅读器和水流传感器，RFID 阅读器安装于可升降挡板的左侧，猪只饮水时正好可以与左耳基部的植入式芯片距离最近，可以保证更准确地识别芯片。挡板的功能类似于限位栏，一是保证同一时刻只有一头猪在饮水，避免其他猪只的干扰；二是可以避免猪只戏水导致饮水碗污染，保证清洁饮水。另外，由于不同生长周期猪只的身高不同，因此挡板下方的挡板最低卡位限定了最低位置，当猪只进入挡板时，可以根据身高自动调整托起挡板，因此，此设计可以适用于不同生长周期猪只的体温监测。

2. 系统实现

　　本系统基于支持 IEEE 802.15.4/ZigBee 的 Z-Stack 协议栈在 IAR Embedded Workbench 环境下采用 C 语言实现。监测系统由监测节点负责猪只身份 ID、体温、饮水量的数据采集，具体工作流程如图 8-4 所示。监测节点启动后初始化 RFID 阅读器和水流传感器，开启数据上报计时器和数据监测计时器。一个数据上报计时器时长为一个上报周期，一个数据监测计时器时长为一个监测周期，一个数据上报周期包含多个监测周期。每个监测周期结束时采集本周期内猪只的身份 ID、体温和饮水量，然后开启新的监测周期；在数据上报周期结束时，计算本周期内的平均体温和累计饮水量作为本次监测数据。如果本周期内没有识别猪只的身份 ID，同时饮水量为 0，则不上报数据；否则将采集的数据发送给通信网关，进入下一个数据上报周期。

　　需要注意的是，每个数据监测周期结束时，都要对猪只的身份 ID 进行判断，如果猪只的身份 ID 发生变化（若未读取到 ID，认为没有变化），则认为原来饮水的猪只已经离开，新的猪只已经进入，此时需要将当前已采集到的数据即刻发送，并开启新的数据上报周期。如果连续两个数据上报周期内既没有读取猪只的身份 ID 和体温，也没有监测到饮水量，则让 RFID 阅读器进入休眠模式，当监测到新的水流信号时，重新唤醒 RFID 阅读器进入工作模式，以降低功耗。

109

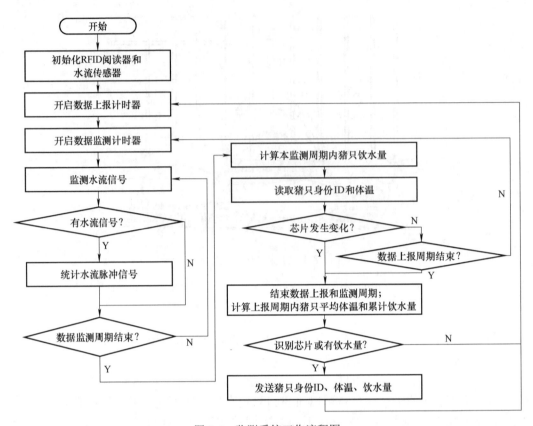

图 8-4　监测系统工作流程图

　　通过设定的数据上报周期可以保证监测数据的及时性，通过计算体温平均值，提高了体温测量的精确度。最重要的是，通过以上流程实现了猪只身份 ID、体温与饮水量的同时监测，这种数据更有利于猪病的预警与诊断。

8.3　系统测试与验证

8.3.1　试验材料与方案

　　本试验在实验室中由搭建的猪体温及饮水监测系统和猪只的模型配合完成。为了验证监测系统的有效性，分别对植入式芯片的读取距离、温度数据及水流量进行了验证。试验系统由监测终端、通信网关、上位机和模型猪等组成，如图 8-5 所示。

　　1）模型猪。试验中为了更好地模拟真实的应用场景，采用成年猪的模型进行测试，模型猪毛色为黑色，体高 65cm、体长 124cm、颈宽 20cm，能很好地模拟猪饮水的情况。在测试过程中将植入式芯片植入在测试猪肉表皮以下（深度为 0.5cm），然后覆盖于模型猪的耳朵基部，来模拟真实的植入猪表皮以下的场景。

　　2）植入式芯片。本书选用工作频段为 134.2kHz，兼容 ISO 11784/ISO 11785 的两种植入式芯片进行对比试验，即带体温测量功能的植入式芯片（LifeChip 985）和不带温度测量功能的普通植入式芯片（Remex-X002），主要用于对比分析 RFID 阅读器的读取性能和温度测量功能对植入式芯片读取距离的影响，以选取最佳的植入位置。

图 8-5　猪体温及饮水监测试验

1—上位机　2—猪用饮水碗　3—监测终端　4—水流传感器

5—通信网关　6—RFID 阅读器　7—测试猪肉　8—模型猪

3）植入位置。对猪只来说，耳廓基部和耳基部是建议的皮下注射部位[226]，试验中假设芯片统一植入左耳基部。

8.3.2　体温及饮水监测试验

本试验主要验证系统的工作情况，主要验证监测数据的有效性和及时性。试验中数据上报周期设置为 1s，监测终端将 RFID 阅读器和水流传感器采集的身份 ID、体温和饮水量一起通过 ZigBee 网络发送给通信网关。通信网关接收后通过串口以 16 进制方式输出，波特率为 9600bit/s，如图 8-6 所示。本监测系统设计的监测数据报文格式为"ID: 身份 ID Temp：体温℃ Water：饮水量 mL"，其中数据标识"ID:""Temp:"和"Water:"的 16 进制分别为："49 44 3A""54 65 6D 70 3A"和"77 61 74 65 3A"。身份 ID 数据 7 个字节（国家编码 2 字节在前，国内唯一识别码 5 字节在后）、体温数据 3 个字节和饮水量数据精确到小数点后 2 位 6 个字节，在监测管理系统收到后按约定的转换规则即可得到准确结果。如身份 ID"03D920D454BD42"根据 RFID 阅读器的协议转换规则，将"03D9"转换得到国家编码 985、"20D454BD42"转换得到国内产品唯一编码 141001276738。

如图 8-6 所示，试验中对不同监测事件进行了测试，包括未读取到身份 ID 和体温，只有饮水量数据；读取到身份 ID 和体温数据，但没有饮水量；连续读取到身份 ID、体温数据，同时监测到饮水量；只读取到一次身份 ID、体温和饮水量，分别对应图 8-6 中的 1、2、3、4。以上结果充分地证明，本监测系统可以同时完成对猪只身份 ID、体温和饮水行为的监测。

为了测试芯片的最佳读取距离，分别将 LifeChip 985 芯片和 Remex-X002 芯片植入猪肉的不同深度（模拟植入真实猪只体内），考虑猪只的毛发遮挡，试验中 RFID 阅读器接收器的封装深度为 0.3cm，分别将 LifeChip 985 芯片和 Remex-X002 芯片植入 0.5cm、1cm、1.5cm 和 2.0cm 四种不同深度，如图 8-7 所示。

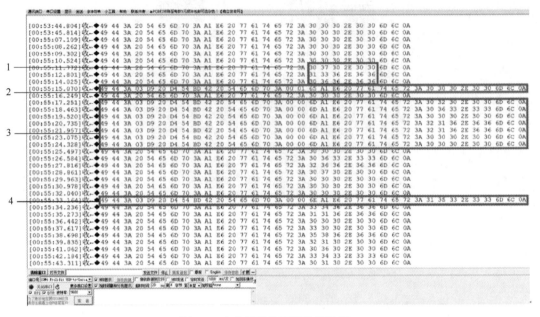

图 8-6　上位机接收到的监测数据

1—饮水量数据　2—身份 ID 和体温数据　3、4—身份 ID、体温和饮水量数据

图 8-7　芯片植入深度试验

1—测试猪肉　2—植入 0.5cm 位置　3—植入 1.0cm 位置　4—植入 1.5cm 位置　5—植入 2.0cm 位置

RFID 阅读器对植入式芯片的读取测试结果见表 8-1。最大读取距离表示 RFID 天线与芯片的距离，包含天线封装深度、空气中传播距离（阅读器表面到猪皮的距离）和植入深度三部分。可以看出，植入深度越深，空气中传播距离越短，这显然会降低识别的灵活性和成功率。当 LifeChip 985 芯片植入达到 1.5cm 时，无法读取；相反，Remex-X002 芯片依然可以正确被识别。显然，LifeChip 985 芯片因为带有温度测量功能，芯片功耗更大，导致植入的深度更浅。

表 8-1　RFID 阅读器对植入式芯片的读取测试结果

植入深度/cm	LifeChip 985 芯片			Remex-X002 芯片		
	天线封装 深度/cm	最大读取 距离/cm	是否读取到 结果	天线封装 深度/cm	最大读取 距离/cm	是否读取到 结果
0.5	0.3	1.3	是	0.3	1.5	是
1.0	0.3	1.6	是	0.3	1.8	是
1.5	0.3	—	否	0.3	2.0	是
2.0	0.3	—	否	0.3	—	否

8.3.3　芯片植入深度试验

为了测试 RFID 阅读器对读取距离的影响，表 8-2 列出了配套阅读器 SURE 和本书中使用的阅读器对 LifeChip 985 芯片读取的对比试验结果。当植入深度超过 1.5cm 时，本书中使用的阅读器已经无法识别，但配套的 SURE 阅读器却可以成功识别。由于 LifeChip 985 芯片带有的注射器针头长度为 3.0cm，在植入深度为 3.0cm 范围以内时，均可以成功读取。因此，RFID 阅读器功率是影响识别距离的一个重要因素。

表 8-2　RFID 阅读器性能对比试验结果

植入深度/cm	是否读取到结果	
	本书阅读器	SURE 阅读器
0.5	是	是
1.0	是	是
1.5	否	是
2.0	否	是
3.0	否	是

由图 8-7 可知，当植入深度为 1.5cm 时，已经到达表皮以下的第一层肌肉，虽然本方案不能正确识别芯片，但当植入深度为 1.0cm 时，最大读取距离为 1.6cm，在猪饮水时站立不动，相对静止状态下已经可以满足猪体温的测量需求。如需要更深的植入，则采用更大功率的 RFID 阅读器即可。

8.3.4　体温变化监测试验

由于将芯片植入到猪肉中温度保持不变，为了更直观地反应猪体温的变化，本试验中将 LifeChip 985 芯片放于手面并覆盖上约 0.5cm 的猪肉，通过手部的温度来改变当前的温度，随着时间的增加，芯片监测到的温度数据会有明显变化，以此来模拟猪只体温的变化情况。

如图 8-8 所示，从 15:31:33 到 15:32:10 期间，体温数据逐渐从 0x000015、0x000117、0x00001A 变为 0x00011B，并且体温 0x000117 有一段时间保持不变，因此，试验充分证明本书的监测系统适用于猪只体温的自动监测。

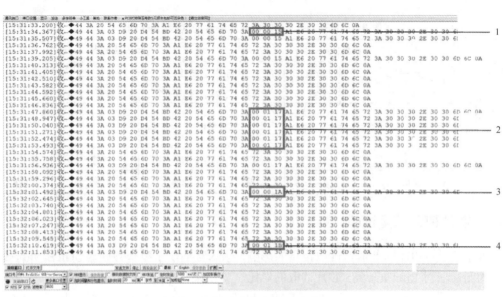

图 8-8　体温变化监测试验结果

1—0x000015　2—0x000117　3—0x00001A　4—0x00011B

8.3.5　饮水行为监测试验

采用涡轮式流量传感器监测饮水行为，因此，试验中利用气体流动代替水流，通过对涡轮式流量传感器吹气，并调节吹气的速度和时间模拟猪的饮水行为。

图 8-9 表明，对于不同时长的饮水行为，如 1s、2s、4s 和 6s，都可以监测到具体的

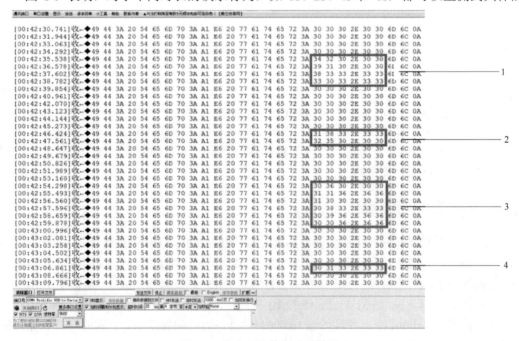

图 8-9　饮水行为监测试验结果

1—连续饮水 4s　2—连续饮水 2s　3—连续饮水 6s　4—连续饮水 1s

流量，并且可以精确到小数点后 2 位，单位为 ml，如"30 38 33 2E 33 33"。此试验证明，该系统可以对猪只的不同饮水行为进行自动监测。

8.4　小结

本章主要研究了无源植入式芯片的应用方案，设计并实现了一套集中式养殖环境下猪体温变化及饮水行为监测系统。主要工作如下：

1）采用植入式芯片和水流量传感器，设计并实现了猪只体温变化及饮水行为监测系统。将植入式芯片应用于集中式养殖环境下猪只体温的监测，一个猪圈共用一套监测设备，降低了成本。基于集中式猪圈饮水碗安装布局，设计了一种可升降挡板，可以精准定位到芯片植入位置，提高识别成功率，并能满足不同生长周期猪只的监测需求。

2）该系统技术方案可行，但要全面推广应用，仍存在以下问题亟待突破，如牲畜体温电子测量标准、识别距离、政策引导等。

3）基于猪模型的试验结果表明，本系统支持不同深度猪只体表温度的测量，可以对猪只身份 ID、体温和饮水量进行实时、自动、连续监测，为猪病的预警和诊断提供了数据支撑。

第 9 章 结论与展望

9.1 结论

集成 UHF RFID 与温度传感技术的无源植入式芯片研究对于加强对动物疫病监管,保障畜牧信息安全,促进畜牧业可持续发展,保障居民食品安全都具有重要意义。畜牧养殖不仅追求更高的生产效率,而且对成本投入也极为关注。无源植入式芯片作为一种专用集成电路芯片,芯片设计方案决定了芯片的性能及成本,然而,该芯片对传统的 UHF RFID 芯片架构、数字基带、芯片应用编码、安全认证及防碰撞算法等提出了特殊需求及挑战。本书针对上述问题进行了研究设计,主要工作总结如下:

1) 基于 UHF RFID 技术标准和编码标准,研究了无源植入式芯片的整体架构,设计了一种低功耗的芯片数字基带架构,并设计了数字基带中的温度传感接口及读取指令、芯片应用编码、安全认证协议及防碰撞算法。

2) 为保障无源植入式芯片的安全,重点研究了适用于物联网的低成本 RFID 双向安全认证协议,提出了一种改进的超轻量级双向安全认证协议 NIoT-UMAP。与同类协议相比,该协议的通信成本最低,相比 IoT-UMAP 协议降低了 20%,相比 Gossamer 协议和 SASI 协议的存储成本分别降低了 40%和 25%。

3) 为实现无源植入式芯片在畜牧养殖静态场景中的快速识别,研究了动态帧时隙 ALOHA 算法的帧长调整策略、芯片数量估计及系统效率等模型,提出了兼容主流技术标准、计算复杂度更低及帧长调整更灵活的算法设计思想,通过选取低成本快速芯片数量估计模型,以降低算法的计算复杂度;设计了动态自适应帧长调整策略,提出了一种基于子帧和效率优先的静态场景的高效防碰撞算法 SUBEP-Q,并利用 MATLAB 对算法的性能进行了仿真验证。

4) 为实现无源植入式芯片在畜牧养殖动态场景中的快速识别,研究了芯片到达率、系统效率及芯片数量估计等理论模型,建立了动态场景的芯片动态到达过程、动态识别过程及到达率等模型,以降低芯片等待时间为核心设计目标,对指令结构、帧结构、识别过程及帧长划分策略等进行了优化设计,提出了一种适用于动态到达场景的高效防碰撞算法 DSA-DFSA,并利用 MATLAB 对算法的性能进行了仿真验证。

5) 安全认证及防碰撞算法是无源植入式芯片数字基带电路的重要组成部分,采用数字集成电路设计的硬件描述语言 Verilog HDL 对算法分别进行了 RTL 行为级建模,并利用 ModelSim 仿真软件进行了 RTL 级仿真验证。结果表明,以上算法在芯片的数字电路中可以实现既定的算法功能。

9.2 创新点

1) 设计了同时兼容国家标准、国际标准及农业农村部畜禽标识和养殖档案管理办法的无源植入式芯片应用编码方案，可以满足"一畜一码"的应用需求。

2）优化设计了一种适用于物联网的低成本、高安全的超轻量级双向安全认证协议，该协议在同类协议中具有低成本、抵御多种安全攻击等优势。

3）提出了一种适用于静态场景的 RFID 高效防碰撞算法 SUBEP-Q，该算法基于子帧和效率优先思想，帧长调整策略更加灵活，兼容主流技术标准，计算成本更低、系统效率更高。

4）提出了一种适用于动态场景的 RFID 高效防碰撞算法 DSA-DFSA，该算法采用分块隔离技术和先到先服务思想，可以有效避免等待芯片与新到达芯片之间的碰撞，缩短了芯片等待时间，降低了漏读率。

9.3 展望

本书以适用于畜禽体温自动监测的无源植入式芯片为研究对象，重点对芯片的应用编码、数字基带、安全认证及防碰撞算法进行了深入研究，并对设计算法进行了数字集成电路 RTL 级仿真验证。然而，芯片产业本身存在周期长、产业链复杂、技术门槛高和研发成本高等问题，因此，无源植入式芯片的研究依然面临很多的挑战。本书的研究为未来的研究工作奠定了基础，但仍有以下工作要做：

1）本书只对温度传感器接口、芯片应用编码、安全认证和防碰撞算法等功能进行了 RTL 级仿真，要实现完整的数字基带电路，仍需与其他功能模块集成并进行完善的 FPGA 综合仿真验证。

2）本书分别设计了两种场景下的多芯片高效防碰撞算法，并完成了 MATLAB 仿真和数字电路 RTL 级仿真。动态场景对于畜牧养殖的高效生产更为重要，因此，后续重点对动态防碰撞算法的帧识别过程、指令及帧结构等进行继续优化，以进一步提高算法性能。

3）RFID 信息安全是保障物联网系统安全的压舱石和稳定器。区块链技术的去中心化、分布式存储和信息加密机制对于保障物联网系统安全提供了全新的技术方案[227]。本书已经对 RFID 安全认证协议进行了相关研究，如何将低成本、轻量级的 RFID 安全认证与区块链技术的融合集成研究，是未来的一项探索性工作。

4）以畜类精准养殖为研究对象，开展相关实验及应用研究。同时，无源植入式芯片不仅限于畜牧养殖应用，同时适用于其他对温度敏感的物联网系统，例如，疫苗药品包装分拣、食品冷链物流监控及烟草包装分拣储运等。因此，探索其多种应用方案也是值得研究的一项重要工作。

RFID 作为物联网的核心关键技术，在农业物联网数据采集中具有重要作用。RFID 芯片对于农业物联网产业的发展至关重要，已经渗透到农业产前、产中和产后全部阶段，实现了物品的自动标记、数据采集和全程追溯等。伴随着人工智能、区块链技术的广泛发展及应用，物联网+人工智能、物联网+区块链将成为未来智慧农业的核心基础设施，承载更多的数据处理、智能决策和行业应用。同时，物联网、RFID 技术的发展仍将面临数据隐私泄露、黑客恶意攻击等安全威胁，如何保障农业物联网安全、信息系统安全、芯片安全及数据安全将是未来农业信息化技术的重要研究方向。

参 考 文 献

[1] 中华人民共和国农业农村部. 中共中央 国务院关于抓好"三农"领域重点工作确保如期实现全面小康的意见[EB/OL]. (2020-02-05)[2020-03-13]. http://www.moa.gov.cn/ztzl/jj2020zyyhwj/2020zyyhwj/202002/t20200205_6336614. htm.

[2] 国务院办公厅. 国家中长期动物疫病防治规划（2012—2020 年）[EB/OL]. (2012-05-25)[2020-03-13]. http://www. gov. cn/zwgk/2012-05/25/content_2145581. htm.

[3] 邱杨, 赵丽, 卢小雨, 等. 五种动物疫病诊断方法研究进展[J]. 动物医学进展, 2012, 33(12): 156-160.

[4] MEI J, RIEDEL N, GRITTNER U, et al. Body temperature measurement in mice during acute illness: implantable temperature transponder versus surface infrared thermometry[J]. Scientific reports, 2018, 8(3526): 1-10.

[5] MARTÍNEZ-AVILÉS M, FERNÁNDEZ-CARRIÓN E, LÓPEZ GARCÍA-BAONES J M, et al. Early detection of infection in pigs through an online monitoring system[J]. Transboundary & Emerging diseases, 2015, 64(2): 364-373.

[6] 任晓明. 猪病临床快速诊疗指南[M]. 北京: 中国农业出版社, 2013.

[7] 陈晨, 王琳, 梁传波. "区块链+农业"模式下扬州市农产品安全经济效益优化路径研究[J]. 市场周刊, 2021, 34(04): 1-3.

[8] 2018 年中国畜牧业发展现状与 2019 年发展前景 行业总产值略有下滑，羊肉产量稳步提高. [EB/OL]. (2019-07-17)[2020-03-13]. https://www. qianzhan. com/analyst/detail/220/190717-12ce 4997. html.

[9] 猪瘟疫情扩散至 17 省份 生猪养殖直接经济损失超 8 亿元. [EB/OL]. (2018-11-15)[2020-03-13]. http://finance. sina. com. cn/china/2018-11-15/doc-ihmutuec0531386. shtml.

[10] 赵尔平, 党红恩, 刘炜. 西藏智慧畜牧业领域大数据融合: 概念、架构与技术[J]. 软件导刊, 2018, 189(7): 5-8.

[11] 刘持标, 陈泉成, 李栋, 等. 大型养猪场健康养殖智能化监控系统设计与实现[J]. 物联网技术. 2015, 5(8): 57-63.

[12] 袁成利, 王晓东. 母猪智能化精确饲喂系统的原理与优势[J]. 现代畜牧科技, 2012(6): 40.

[13] 张玉, 阿丽玛, 曹晓波, 等. 放牧绵羊福利中智能监测技术的研究进展[J]. 今日畜牧兽医, 2017(6): 17-19.

[14] 陈子欢, 李金刚, 钟越, 等. 基于阿里云的现代养殖业智能服务平台研究[J]. 成才之路, 2018(5): 82.

[15] HAMMER N, ADRION F, STAIGER M, et al. Comparison of different ultra-high-frequency transponder ear tags for simultaneous detection of cattle and pigs[J]. Livestock science, 2016, 187: 125-137.

[16] FINKENZELLER K. RFID Handbook[M]. 2nd ed. New York: John Wiley & Sons, 2003.

[17] CAJA G, HERNANDEZ-JOVER M, CONILL C, et al. Use of ear tags and injectable transponders for the identification and traceability of pigs from birth to the end of the slaughter line[J]. Journal of animal science, 2005, 83(9): 2215-2224.

[18] DEY S, SAHA J K, KARMAKAR N C. Smart sensing: chipless RFID solutions for the internet of

everything[J]. IEEE Microwave magazine, 2015, 16(10): 26-39.

[19] GOODWIN S D. Comparison of body temperatures of goats, horses, and sheep measured with a tympanic infrared thermometer, an implantable microchip transponder, and a rectal thermometer[J]. Contemporary topics in laboratory animal science, 1998, 37(3): 51-55.

[20] 黄孟选, 李丽华, 许利军, 等. RFID 技术在动物个体行为识别中的应用进展[J]. 中国家禽, 2018, 40(22): 39-44.

[21] MOHD A M H, ISMARANI I. RFID based systematic livestock health management system[J]. ICSPC 2014, 2015: 111-116.

[22] ISO. ISO 11784—1996 Radio frequency identification of animals—Code Structure[S]. 1996.

[23] ISO. ISO 11785—1996 Radio frequency identification of animals—Technical concept[S]. 1996.

[24] ICAR. Injectable transponders with ICAR conformance certification[EB/OL]. (2020-01-10)[2020 -03-13]. https://www. icar. org/index. php/rfid-injectable/.

[25] 广州健永信息科技有限公司.动物玻璃管电子标签 JY-DT148[EB/OL]. (2019-03-13)[2020-03-13]. http://www.gzjye.com/cat-blgbq/175.html.

[26] 瑞佰创物联科技. 植入式标签[EB/OL]. (2021-02-15)[2020-03-13]. https://www.raybaca.com/about/index-cn.html.

[27] 洛阳莱普生信息科技有限公司. 动物皮下植入式电子标签[EB/OL]. (2021-01-15)[2020-03-13]. http://www. laipson.com/pro/101.html.

[28] 中国工作犬管理协会. 芯片植入管理规定[EB/OL]. (2018-04-27)[2020-03-13]. http://www.cwdma. org/sl/gzq/xhgd/display. htm?contentId=4a8687d2e6bb4d97b783dd3d2cd6e73a.

[29] FDA. Implantable Radiofrequency Transponder System for Patient Identification and Health Information-Class Ⅱ Special Controls Guidance Document for Industry and FDA Staff[EB/OL]. (2004-12-10)[2020-03-13]. https://www. fda. gov/medical-devices/guidance-documents-medical-devices-and-radiation-emitting-products/implantable-radiofrequency-transponder-system-patient-identification-and-health-information-class-ii.

[30] HOMEAGAIN. HomeScan-MicroChip-Scanner[EB/OL]. (2019-01-15)[2020-03-13]. https://shop.homeagain. com/Product/HomeScan-MicroChip-Scanner.

[31] HOMEAGAIN. Universal Worldscan Reader Plus[EB/OL]. (2019-01-15)[2020-03-13]. https://shop. homeagain. com/Product/Universal-Worldscan-Reader-Plus.

[32] DESTRONFEARING. LifeChip with Bio-Thermo 985 microchips[EB/OL]. (2018-02-10)[2020-03-13]. http://www. destronfearing. com/our-products/equine/index. html.

[33] SUREFLAP. Suresense microchip reader[EB/OL]. (2019-10-10)[2020-03-13]. https://s3-eu-west-1. amazonaws. com/sureflap/website/support/manuals/96/multi-lang/manual. pdf.

[34] DESTRONFEARING. DTR5 Portable Stick Reader[EB/OL]. (2018-02-10)[2020-03-13]. http://www. destronfearing. com/support/ewExternalFiles/DTR5UserManuel. 2-4-EN. pdf.

[35] DESTRONFEARING. GPR+ GLOBAL POCKET READER™ PLUS[EB/OL]. (2018-02-10)[2020 -03-13]. http://www. destronfearing. com/support/ewExternalFiles/GPR+_User%20Manual. pdf.

[36] BMDS. IPTT-300 Microchips[EB/OL]. (2019-03-10)[2020-03-13]. https://www.bmds.com/uploads/files/IPTT300. pdf.

[37] BMDS. 8000 Series reader[EB/OL]. (2019-03-10)[2020-03-13]. https://www. bmds. com/uploads/files/8000Series_web. pdf.

[38] UIDEVICES. Temperature Programmable Microchip[EB/OL]. (2019-07-13)[2020-03-13]. https:// www. uidevices. com/product/temperature-programmable-microchip/.

[39] UIDEVICES. URH-1HP Reader[EB/OL]. (2019-07-13)[2020-03-13]. https://www.uidevices.com/product/urh-1hp-reader/.

[40] UIDEVICES. RFID High Power Reader[EB/OL]. (2019-07-13)[2020-03-13]. https://www.uidevices.com/product/rfid-high-power-reader/.

[41] UIDEVICES. Microchip Reader Base Station[EB/OL]. (2019-07-13)[2020-03-13]. https://www. ui devices. com/product/microchip-reader-base-station/.

[42] BRUNELL M K. Comparison of Noncontact Infrared Thermometry and 3 Commercial Subcutaneous Temperature Transponding Microchips with Rectal Thermometry in Rhesus Macaques (Macaca mulatta)[J]. Journal of the american association for laboratory animal science, 2012, 51(4): 479 -484.

[43] 罗远明, 潘海海, 陈锡棋, 等. 一种具有测温功能的留胃型电子标签: CN203276332U[P]. 2013-11-06.

[44] 洛阳莱普生信息科技有限公司. 测温玻璃管注射式标签/测动物体温[EB/OL]. [2020-03-13]. http://www. laipson. com/index. php?a=shows&catid=19&id=142.

[45] HUI C, WEIPING J. A Novel High Precision Temperature Sensor for Passive RFID Applications[J]. Microelectronics, 2016, 46(2): 239-242, 246.

[46] CAMPOS L B, CUGNASCA C E. Applications of RFID and WSNs technologies to Internet of Things: 2014 IEEE Brasil RFID[C]. Sao Paulo, 2014.

[47] MIDDELHOEK S, FRENCH P, HUIJISING J H, et al. Sensors with digital or frequency output[J]. Sensors & Actuators, 1988, 15(2): 119-133.

[48] ZURITA M, et al. A Review of Implementing ADC in RFID Sensor[J]. Journal of Sensors, 2016: 1-14.

[49] BHATTACHARYYA R, FLOERKEMEIER C, SARMA S. Towards tag antenna based sensing - An RFID displacement sensor: 2009 IEEE International Conference on RFID[C]. Orlando: IEEE, 2009.

[50] OCCHIUZZI C, CAIZZONE S, MARROCCO G. Passive UHF RFID antennas for sensing applications: Principles, methods, and classifcations[J]. IEEE Antennas & Propagation magazine, 2013, 55(6): 14-34.

[51] NAIR R S, PERRET E, TEDJINI S, et al. A Group-Delay-Based Chipless RFID Humidity Tag Sensor Using Silicon Nanowires[J]. IEEE Antennas & Wireless propagation letters, 2013, 12: 729-732.

[52] LAW M K, BERMAK A, LUONG H C. A Sub-μW Embedded CMOS Temperature Sensor for RFID Food Monitoring Application[J]. IEEE Journal of solid-state circuits, 2010, 45(6): 1246-1255.

[53] VAZ A, UBARRETXENA A, ZALBIDE I, et al. Full Passive UHF Tag With a Temperature Sensor Suitable for Human Body Temperature Monitoring[J]. IEEE Transactions on circuits and systems II-express briefs, 2010, 57(2): 95-99.

[54] DASTANIAN R, ABIRI E, ATAIYAN M. A 0.5 V, 112 nW CMOS Temperature Sensor for RFID Food Monitoring Application[J]. Iranian journal of science and technology-transactions of electrical engineering, 2017, 41(2): 145-152.

[55] QI Z, ZHUANG Y, LI X, et al. Full passive UHF RFID Tag with an ultra-low power, small area, high

120

resolution temperature sensor suitable for environment monitoring[J]. Microelectronics journal, 2014, 45(1): 126-131.

[56] YIN J, YI J, LAW M K, et al. A System-on-Chip EPC Gen-2 Passive UHF RFID Tag With Embedded Temperature Sensor[J]. IEEE Journal of solid-state circuits, 2010, 45(11): 2404-2420.

[57] YU S, FENG P, WU N. Passive and Semi-Passive Wireless Temperature and Humidity Sensors Based on EPC Generation-2 UHF Protocol[J]. IEEE Sensors journal, 2015, 15(4): 2403-2411.

[58] SERMA. PE3001[EB/OL]. (2016-06-01)[2020-03-13]. http://www.pe-gmbh.com/wp-content/uploads/2016/06/DS_PE3001. pdf.

[59] 刘伟峰, 庄奕琪, 齐增卫, 等. 集成温度传感器的无源超高频标签芯片设计[J]. 电路与系统学报, 2013, 18(01): 336-342.

[60] AMS. SL900A[EB/OL]. (2018-10-29)[2020-03-13]. https://ams.com/documents/20143/36005/SL900A_DS000294_5-00. pdf/d399f354-b0b6-146f-6e98-b124826bd737.

[61] FARSENS. Fenix-Vortex-P25H[EB/OL]. (2019-10-20)[2020-03-13]. http://www.farsens.com/en/products/fenix-vortex-p25h/.

[62] CAENRFID. A927Z[EB/OL]. (2019-10-15)[2020-03-13]. https://www. caenrfid. com/en/products/ a927z/.

[63] CAENRFID. RT0005[EB/OL]. (2019-10-15)[2020-03-13]. https://www.caenrfid.com/en/products/ rt0005/.

[64] SMARTRAC-GROUP. SMARTRAC_SENSOR_DOGBONE[EB/OL]. (2015-03-06)[2020-03-13]. https://www. smartrac-group. com/files/content/Products_Solutions/PDF/0027a_SMARTRAC_SENSOR_DOGBONE. pdf.

[65] RFID G. UHF 860-960 MHz Temperature Sensing RFID Tag[EB/OL]. (2015-03-06)[2020-03-13]. http://gaorfid. com/product/tag-semipassive-temperature-sense-log-uhf-860-960mhz-rfid/.

[66] MICROSENSYS. TELID 412[EB/OL]. (2019-09-10)[2020-03-13]. https://www.microsensys.de/en/products/rfid-sensors/rfid-sensor-transponder/.

[67] 复旦微电子集团. 温度传感 RFID 芯片[EB/OL]. (2018-07-01)[2020-03-13]. http://www.fmsh. com/d542336b-8112-4835-e211-98460d028efb/.

[68] 吴翔, 邓芳明, 何怡刚, 等. 应用于 RFID 的超低功耗 CMOS 温度传感器设计[J]. 传感器与微系统, 2017, 35(2): 112-114.

[69] 齐增卫. 超高频射频识别无源标签芯片以及片上温度传感器的研究[D]. 西安: 西安电子科技大学, 2016.

[70] 周诗伟, 毛陆虹, 王倩, 等. 集成于无源 UHF RFID 标签的超低功耗 CMOS 温度传感器[J]. 传感技术学报, 2013, 26(7): 940-945.

[71] ZHOU S, DENG F, YU L, et al. A Novel Passive Wireless Sensor for Concrete Humidity Monitoring[J]. Sensors, 2016, 16(9): 1535.

[72] NXP. NXP, UCODE 8[EB/OL]. (2021-12-02)[2022-03-13]. https://www.nxp.com/products/rfid-nfc/ucode-uhf/ucode-8-8m:SL3S1205-15.

[73] 孔繁月. RFID 系统防碰撞算法及安全认证协议研究[D]. 长春: 吉林大学, 2019.

[74] 杨丞. RFID 防碰撞算法及安全认证协议的研究[J]. 信息通信, 2018(12): 228-229.

[75] 何烜. 射频识别防碰撞算法及安全认证机制研究[D]. 长沙: 国防科技大学, 2017.

[76] DEEBAK B D, AL-TURJMAN F, MOSTARDA L. A Hash-Based RFID Authentication Mechanism for Context-Aware Management in IoT-Based Multimedia Systems[J]. Sensors, 2019, 19(18): 3821.

[77] ZHANG W, QIN S, WANG S, et al. A New Scalable Lightweight Grouping Proof Protocol for RFID systems[J]. Wireless personal communications, 2018, 103(1): 133-143.

[78] LIU G, ZHANG H, KONG F, et al. A Novel Authenticaation Management RFID Protocol Based on Elliptic Curve Cryptography[J]. Wireless personal communications, 2018, 101(3): 1445-1455.

[79] KANG J. Lightweight mutual authentication RFID protocol for secure multi-tag simultaneous authentication in ubiquitous environments[J]. Journal of supercomputing, 2019, 75(8): 4529-4542.

[80] FAN K, WANG W, JIANG W, et al. Secure ultra-lightweight RFID mutual authentication protocol based on transparent computing for IoV[J]. Peer-to-peer networking and applications, 2018, 11(4): 723- 734.

[81] CHIEN H. SASI: A new ultralightweight RFID authentication protocol providing strong authentication and strong integrity[J]. IEEE Transactions on dependable and secure computing, 2007, 4(4): 337-340.

[82] 朱义杰, 杨玉龙, 杨义, 等. 一个基于国密算法的 RFID-SIM 系统安全认证协议[J]. 网络安全技术与应用, 2019(11): 34-36.

[83] 韦永霜, 陈建华, 韦永美. 基于椭圆曲线密码的 RFID/NFC 安全认证协议[J]. 信息网络安全, 2019(12): 64-71.

[84] 高华, 黄稳定, 鲁俊. 基于 Hash 函数的 RFID 双向认证协议[J]. 软件导刊, 2018, 17(12): 208-212.

[85] 张小红, 郭焰辉. 基于椭圆曲线密码的 RFID 系统安全认证协议研究[J]. 信息网络安全, 2018(10): 51-61.

[86] MUNILLA J. HB-MP: A further step in the HB-family of lightweight authentication protocols[J]. Computer networks, 2007, 51(9): 2262-2267.

[87] PERIS L P, HERNANDEZ C J, TAPIADOR J, et al. Advances in Ultralightweight Cryptography for Low-Cost RFID Tags: Gossamer Protocol: 9th International Workshop on Information Security Applications[C]. Cheju Isl, 2008.

[88] TEWARI A, GUPTA B B. Cryptanalysis of a novel ultra-lightweight mutual authentication protocol for IoT devices using RFID tags[J]. Journal of supercomputing, 2017, 73(3): 1085-1102.

[89] 占善华. 基于交叉位运算的移动 RFID 双向认证协议[J]. 计算机工程与应用, 2019, 55(7): 120-126.

[90] SUN H, TING W, WANG K. On the Security of Chien's Ultralightweight RFID Authentication Protocol[J]. IEEE Transactions on dependable and secure computing, 2011, 8(2): 315-317.

[91] HERNANDEZ C J C, TAPIADOR J M E, PERIS L P, et al. Cryptanalysis of the SASI Ultralightweight RFID Authentication Protocol with Modular Rotations[J]. Computer science, 2008, 8(11): 4257.

[92] 沈金伟, 凌捷. 一种改进的超轻量级 RFID 认证协议[J]. 计算机应用与软件, 2015, 32(2): 304-306.

[93] CHAROENPANYASAK S, SASIWAT Y, SUNTIAMORNTUT W, et al. Comparative analysis of RFID anti-collision algorithms in IoT applications[C]. Phuket: IEEE, 2016.

[94] BONUCCELLI M A, LONETH F, MARTELLI F. Instant collision resolution for tag identification in RFID networks[J]. AD HOC NETWORKS, 2007, 5(8): 1220-1232.

[95] CHEN W T. A new RFID Anti-collision algorithms for the EPCglobal UHF Class-1 Generation-2 standard[C]. 2012 9th International Conference on IEEE Computer Society, 2012.

[96] CHEN W. An Accurate Tag Estimate Method for Improving the Performance of an RFID Anticollision Algorithm Based on Dynamic Frame Length ALOHA[J]. IEEE Transactions on automation science and engineering, 2009, 6(1): 9-15.

[97] CHEN W. A Feasible and Easy-to-Implement Anticollision Algorithm for the EPCglobal UHF Class-1 Generation-2 RFID Protocol[J]. IEEE Transactions on automation science and engineering, 2014, 11(2): 485-491.

[98] CHEN W. A Fast Anticollision Algorithm for the EPCglobal UHF Class-1 Generation-2 RFID Standard[J]. IEEE Communications letters, 2014, 18(9): 1519-1522.

[99] CHEN W. Optimal Frame Length Analysis and an Efficient Anti-Collision Algorithm With Early Adjustment of Frame Length for RFID Systems[J]. IEEE Transactions on vehicular technology, 2016, 65(5): 3342-3348.

[100] TENG J, XUAN X, YU B. A Fast Q Algorithm Based on EPC Generation2 RFID Protocol[C]. IEEE, 2010.

[101] JIAN S, SHENG Z, HONG D, et al. An efficient sub-frame based tag identification algorithm for UHF RFID systems[C]. IEEE, 2016.

[102] CHEN Y, SU J, YI W. An Efficient and Easy-to-Implement Tag Identification Algorithm for UHF RFID Systems[J]. IEEE Communications letters, 2017, 21(7): 1509-1512.

[103] SU J, SHENG Z, HONG D, et al. An Effective Frame Breaking Policy for Dynamic Framed Slotted Aloha in RFID[J]. IEEE Communications letters, 2016, 20(4): 692-695.

[104] 薛兴鹤. 基于 FPGA 的 RFID 防碰撞算法的研究与实现[D]. 长春: 长春理工大学, 2019.

[105] 刘沁舒. 面向物联网的 RFID 自适应防碰撞算法研究[D]. 南京: 东南大学, 2019.

[106] 王勇. 射频识别标签高效与鲁棒防碰撞算法研究[D]. 成都: 西南交通大学, 2019.

[107] ZHU W, ZHANG A. Improvements on Tags Anti-Collision Algorithm in RFID System[J]. Engineering letters, 2019, 27(4): 816-821.

[108] CHEKIN M, HOSSEINZADEH M, KHADEMZADEH A. An anti-collision algorithm based on balanced incomplete block design in RFID systems[J]. International journal of rf and microwave computer-aided engineering, 2019, 29(11): e21882.

[109] WIJAYASEKARA S K, NAKPEERAYUTH S, ANNUR R, et al. A fast tag identification anti-collision algorithm for RFID systems[J]. International journal of communication systems, 2019, 32(15): e4018.

[110] WANG H, WANG S, YAO J, et al. Effective anti-collision algorithms for RFID robots system[J]. Assembly automation, 2019, 40(1): 55-64.

[111] WANG X, YANG L T, LI H, et al. NQA: A Nested Anti-collision Algorithm for RFID Systems[J]. ACM Transactions on embedded computing systems, 2019, 18(4): 1-21.

[112] WANG Z, ZHANG T, FAN L, et al. Dynamic frame-slotted ALOHA anti-collision algorithm in RFID based on non-linear estimation[J]. International journal of electronics, 2019, 106(11): 1769-1783.

[113] QU Z, SUN X, CHEN X, et al. A novel RFID multi-tag anti-collision protocol for dynamic vehicle identification[J]. Plos one, 2019, 14(7): e0219344.

[114] LIANG X, GUO Y. A Probability-Based Anti-Collision Protocol for RFID Tag Identification[J]. Wireless

personal communications, 2019, 107(1): 57-79.

[115] CHEKIN M, HOSSIENZADEH M, KHADEMZADEH A. A rapid anti-collision algorithm with class parting and optimal frames length in RFID systems[J]. Telecommunication systems, 2019, 71(1): 141-154.

[116] JIA X, BOLIC M, FENG Y, et al. An Efficient Dynamic Anti-Collision Protocol for Mobile RFID Tags Identification[J]. IEEE Communications letters, 2019, 23(4): 620-623.

[117] YANG F, ZHAO L, CHEN H, et al. A Novel Query Tree Anti-collision Algorithm for RFID[J]. A, 2019, 34(3): 490-496.

[118] ABBASIAN A, SAFKHANI M. CNCAA: A new anti-collision algorithm using both collided and non-collided parts of information[J]. Computer networks, 2020, 172: 107159.

[119] SU J, WEN G, HONG D. A New RFID Anti-collision Algorithm Based on the Q-Ary Search Scheme[J]. Chinese journal of electronics, 2015, 24(4): 679-683.

[120] JIANG Z, LI B, YANG M, et al. LC-DFSA: Low Complexity Dynamic Frame Slotted Aloha Anti-Collision Algorithm for RFID System[J]. Sensors, 2020, 20(1): 228.

[121] SU J, HONG D, TANG J, et al. An Efficient Anti-Collision Algorithm Based on Improved Collision Detection Scheme[J]. IEICE Transactions on communications, 2016, E99B(2): 465-470.

[122] SU J, SHENG Z, XIE L, et al. Fast Splitting-Based Tag Identification Algorithm For Anti-Collision in UHF RFID System[J]. IEEE Transactions on communications, 2019, 67(3): 2527- 2538.

[123] ZHANG D, LI G, PAN Z, et al. A new anti-collision algorithm for RFID tag[J]. International journal of communication systems, 2014, 27(11): 3312-3322.

[124] BAGHERI N, ALENABY P, SAFKHANI M. A new anti-collision protocol based on information of collided tags in RFID systems[J]. International journal of communication systems, 2017, 30(3): e2975. 1- e2975. 9.

[125] EPCGLOBAL G. EPC Radio-Frequency Identity Protocols Generation-2 UHF RFID Standard-Specification for RFID Air Interface Protocol for Communications at 860 MHz－960 MHz[J]. EPCglobal, 2013, 1(3): 14.

[126] SU J, SHENG Z, LEUNG V C M, et al. Energy efficient tag identification algorithms for RFID: Survey, motivation and new design[J]. IEEE Wireless communications, 2019, 26(3): 118-124.

[127] CHEN Y, FENG Q. An Efficient Anti-collision Algorithm for the EPCglobal Class-1 Generation-2 System under the Dynamic Environment[J]. KSII Transactions on internet and information systems, 2014, 8(11): 3997-4015.

[128] SCHOUTE F C. Dynamic frame length aloha[J]. IEEE Transactions on communications, 1983, 31 (4): 565-568.

[129] LEE D, KIM K, LEE W. Q+-Algorithm: An Enhanced RFID Tag Collision Arbitration Algorithm [C]. Hong Kong, 2007.

[130] WANG H. Efficient DFSA Algorithm in RFID Systems for the Internet of Things[J]. Mobile information systems, 2015(2015): 1-10.

[131] BONUCCELLI M, LONETTI F, MARTELLI F. Exploiting ID Knowledge for Tag Identification in RFID Networks[C]. Chania, 2007.

[132] FAHIM A, ELBATT T, MOHAMED A, et al. Towards Extended Bit Tracking for Scalable and Robust RFID Tag Identification Systems[J]. IEEE ACCESS, 2018, 6: 27190-27204.

[133] ISO. ISO/IEC 18000—62—2012 Information technology——Radio frequency identification for item management——Part 63: Parameters for air interface communications at 860 MHz to 960 MHz Type D[S]. 2012.

[134] 全球温度传感器市场规模 2028 年将达到 80 亿美元[EB/OL]. (2021-09-29)[2022-08-10]. https:// www. yelunet. com/chanye/iot/2021-09-29/1708. html.

[135] 任芳, 徐婉静, 赖凡, 等. 集成电路温度传感器技术研究进展[J]. 微电子学, 2017, 47(1): 110-113.

[136] 陈晖, 景为平. 一种面向无源 RFID 的新型高精度温度传感器[J]. 微电子学, 2016, 46(2):239-242.

[137] 王明刚. 面向 HFRFID 标签的集成温度传感器设计[D]. 成都: 电子科技大学, 2014.

[138] FERNANDEZ E, BERIAIN A, SOLAR H, et al. A low power voltage limiter for a full passive UHF RFID sensor on a 0. 35μm CMOS process[J]. Microelectronics journal, 2012, 43(10): 708-713.

[139] ABDULHADI A E, ABHARI R. Multiport UHF RFID-Tag Antenna for Enhanced Energy Harvesting of Self-Powered Wireless Sensors[J]. IEEE Transactions on industrial informatics, 2016, 12(2): 801-808.

[140] GAO J, SIDEN J, NILSSON H, et al. Printed Humidity Sensor With Memory Functionality for Passive RFID Tags[J]. IEEE Sensors journal, 2013, 13(5): 1824-1834.

[141] KIM S, KAWAHARA Y, GEORGIADIS A, et al. Low-Cost Inkjet-Printed Fully Passive RFID Tags for Calibration-Free Capacitive/Haptic Sensor Applications[J]. IEEE Sensors journal, 2015, 15(6): 3135-3145.

[142] DONNO D D, CATARINUCCI L, TARRICONE L. Enabling Self-Powered Autonomous Wireless Sensors with New-Generation I2C-RFID Chips: 2013 IEEE MTT-S International Microwave Symposium Digest (MTT)[C]. Seattle, 2013.

[143] ZAID J, ABDULHADI A, KESAVAN A, et al. Multiport Circular Polarized RFID-Tag Antenna for UHF Sensor Applications. [J]. Sensors, 2017, 17(7): 1576.

[144] LIU D S, ZOU X C, FAN Z, et al. Embeded EEPROM Memory Achieving Lower Power - New design of EEPROM memory for RFID tag IC[J]. Circuits & Devices magazine IEEE, 2007, 22(6): 53-59.

[145] LEE J, KIM J, LIM G, et al. Low-power 512-bit EEPROM designed for UHF RFID tag chip[J]. ETRI journal, 2008, 30(3): 347-354.

[146] NAKAMOTO H, YAMAZAKI D, YAMAMOTO T, et al. A Passive UHF RF Identification CMOS Tag IC Using Ferroelectric RAM in 0.35-μm Technology[J]. IEEE Journal of solid-state circuits, 2006, 42(1): 101-110.

[147] LEE K, CHUN J, KWON K. A low power CMOS compatible embedded EEPROM for passive RFID tag[J]. Microelectronics journal, 2010, 41(10): 662-668.

[148] DU Y, ZHUANG Y, LI X, et al. An Ultra Low-Power Solution for EEPROM in Passive UHF RFID Tag IC With a Novel Read Circuit and a Time-Divided Charge Pump[J]. IEEE Transactions on circuits and systems i-regular papers, 2013, 60(8): 2177-2186.

[149] SHEN J, WANG X, LIU S, et al. Design and Implementation of an Ultra-low Power Passive UHF RFID Tag[J]. Journal of semiconductors, 2012, 33(11): 115011-115016.

[150] VIRTANEN J, UKKONEN L, BJÖRNINEN T, et al. Temperature sensor tag for passive UHF RFID

systems[C]. San Antonio: 2011 IEEE Sensor Applications Symposium, 2011.

[151] DONNO D D, CATARINUCCI L, TARRICONE L. A Battery-Assisted Sensor-Enhanced RFID Tag Enabling Heterogeneous Wireless Sensor Networks[J]. IEEE Sensors Journal, 2014, 14(4): 1048-1055.

[152] DE DONNO D, CATARINUCCI L, TARRICONE L. RAMSES: RFID Augmented Module for Smart Environmental Sensing[J]. IEEE Transactions on Instrumentation & Measurement, 2014, 63(7): 1701-1708.

[153] 伏仕波, 肖宛昂, 毛文宇, 等. 一种面向植入式 RFID 标签的温度传感器[J]. 微电子学, 2019, 49(6): 772-776.

[154] REN F, XU W, LAI F, et al. Research progress of IC temperature sensors[J]. Microelectronics, 2017, 47(1): 110-113.

[155] SOURI K, MAKINWA K A A. A 0.12 mm^2 7.4 μW Micropower Temperature Sensor With an Inaccuracy of ±0.2℃(3σ) From −30℃ to 125℃[J]. IEEE Journal of solid-state circuits, 2011, 46(7): 1693-1700.

[156] SOURI K, CHAE Y, MAKINWA K A A. A CMOS Temperature Sensor With a Voltage-Calibrated Inaccuracy of +/− 0.15℃(3σ) From −55℃ to 125℃[J]. IEEE Journal of solid-state circuits, 2013, 48(1): 292-301.

[157] AITA A L, PERTIJS M A P, MAKINWA K A A, et al. Low-Power CMOS Smart Temperature Sensor With a Batch-Calibrated Inaccuracy of +/−0.25℃(+/−3σ) from −70℃ to 130℃[J]. IEEE Sensors Journal, 2013, 13(5): 1840-1848.

[158] LAW M, BERMAK A, LUONG H. A Sub-μW Embedded CMOS Temperature Sensor for RFID Food Monitoring Application[J]. IEEE Journal of solid-state circuits, 2010, 45: 1246-1255.

[159] YU S L, et al. An ultra low power 1V, 220nW temperature sensor for passive wireless applications[C]. San Jose: 2008 IEEE Custom integrated circuits conference, 2008.

[160] KIM K, LEE H, KIM C. 366-kS/s 1. 09-nJ 0. 0013-mm^2 Frequency-to-Digital Converter Based CMOS Temperature Sensor Utilizing Multiphase Clock[J]. IEEE Transactions on very large scale integration (VLSI) systems, 2013, 21(10): 1950-1954.

[161] HWANG S, KOO J, KIM K, et al. A 0. 008 mm^2 500 muW 469 kS/s Frequency-to-Digital Converter Based CMOS Temperature Sensor With Process Variation Compensation[J]. Circuits and systems I, 2013, 60: 2241-2248.

[162] VROONHOVEN C P L V, D'AQUINO D, MAKINWA K A A. A thermal-diffusivity-based temperature sensor with an untrimmed inaccuracy of ±0.2℃(3σ) from −55℃ to 125℃[C]. San Francisco, 2010.

[163] CHEN P, CHEN C C, TSAI C C, et al. A time-to-digital-converter-based CMOS smart temperature sensor[J]. IEEE Journal of solid-state circuits, 2005, 40(8): 1642-1648.

[164] CHEN P, et al. A Time Domain Mixed-Mode Temperature Sensor with Digital Set-Point Programming[C]. San Jose: 2008 IEEE Custom integrated circuits conference, 2006.

[165] WOO K, MENINGER S, XANTHOPOULOS T, et al. Dual-DLL-based CMOS all-digital temperature sensor for microprocessor thermal monitoring[C]. San Jose: Solid-State Circuits Conference-Digest of Technical Papers, 2009.

[166] 郑妙霞. 无源超高频电子标签芯片数字基带的设计与实现[D]. 湘潭: 湘潭大学, 2016.

[167] 徐超. 基于国标协议 UHF RFID 标签芯片基带设计与实现[D]. 西安: 西安电子科技大学, 2014.

[168] 刘俊. 超高频无源 RFID 数字基带的设计与实现[D]. 西安: 西安电子科技大学, 2009.

[169] 邱敏. 面向国标 GB/T 29768 超高频 RFID 标签芯片的数字集成电路设计[D]. 成都: 电子科技大学, 2016.

[170] 乔丽萍, 杨振宇, 靳钊. 基于 BLF 时钟的 RFID 低功耗数字基带设计[J]. 半导体技术, 2017, 42(4): 259-263.

[171] 王帅韬. 一种低功耗 UHF RFID 标签数字基带处理器设计[D]. 成都: 西南交通大学, 2018.

[172] 马鑫. 基于自主标准的 RFID 无线传感芯片数字基带设计与测试[D]. 西安: 西安电子科技大学, 2018.

[173] 王帅韬, 冯全源, 邸志雄. 一种低功耗 UHF RFID 标签数字基带处理器[J]. 微电子学, 2018, 48(1): 48-52.

[174] 王铭铭. UHF RFID 系统的数字基带 SoC 芯片设计[D]. 南京: 南京航空航天大学, 2018.

[175] 王帅杰. 基于自主标准的带加密算法标签芯片基带设计[D]. 西安: 西安电子科技大学, 2019.

[176] 中国国家标准化管理委员会. 信息技术　射频识别　800/900MHz 空中接口协议: GB/T 29768—2013 [S]. 北京: 中国标准出版社, 2013.

[177] ISO. ISO/IEC 18000—6: 2013 ISO/IEC Information technology——Radio frequency identification for item management——Part 6: Parameters for air interface communications at 860 MHz to 960 MHz General[S]. 2013.

[178] ISO. ISO/IEC 18000—61: 2012 Information technology——Radio frequency identification for item management——Part 61: Parameters for air interface communications at 860 MHz to 960 MHz Type A[S]. 2012.

[179] ISO. ISO/IEC 18000—62: 2012 Information technology——Radio frequency identification for item management——Part 62: Parameters for air interface communications at 860 MHz to 960 MHz Type B[S]. 2012.

[180] 于青峰. 畜牧兽医动物防疫工作的重点和不足[J]. 中国畜禽种业, 2019, 15(8): 42.

[181] 中国国家标准化管理委员会. 动物射频识别　代码结构: GB/T 20563—2006 [S]. 北京: 中国标准出版社, 2006.

[182] 国家质量技术监督局. 世界各国和地区名称代码: GB/T 2659—2000 [S]. 北京: 中国标准出版社, 2000.

[183] 中国国家标准化管理委员会. 动物射频识别　技术准则: GB/T 22334—2008 [S]. 北京: 中国标准出版社, 2008.

[184] 全国农业机械标准化技术委员会. 动物射频识别　增强型射频识别标签　第 1 部分: 空中接口: 20194020—T—604[EB/OL]. (2020-01-13)[2022-08-10]. https://std. samr. gov. cn/gb/search/gbDetailed?id=E116673EB806A3B7E05397BE0A0AC6BF.

[185] 全国农业机械标准化技术委员会. 动物射频识别　增强型射频识别标签　第 2 部分: 代码和指令结构: 20201420—T—604[EB/OL]. (2020-04-01)[2022-08-10]. https://std.samr.gov.cn/gb/search/gb Detailed?id=E116673ED9F5A3B7E05397BE0A0AC6BF.

[186] 郭守堂, 熊鹰. 中国工作犬管理协会积极推动和致力于犬用芯片国家编码标准的实施[J]. 中国工作犬业, 2006(12): 57.

[187] 中华人民共和国农业农村部. 2018 年畜牧业工作要点[EB/OL]. (2018-01-31)[2020-03-13]. http://www. moa. gov. cn/ztzl/ncgzhy2017/zxdt/201802/t20180203_6136401. htm.

[188] 中华人民共和国农业农村部. 畜禽标识和养殖档案管理办法[EB/OL]. (2006-06-26)[2020-03-13]. http://jiuban. moa. gov. cn/zwllm/tzgg/bl/200606/t20060628_638621. htm.

[189] 农业部办公厅. 农业部办公厅关于开展《畜禽标识和养殖档案管理办法》立法后评估工作的通知[EB/OL]. (2016-05-11)[2020-03-13]. http://www.moa.gov.cn/govpublic/SYJ/201605/t20160511_5124860. htm.

[190] WANG K, CHEN C, FANG W, et al. On the security of a new ultra-lightweight authentication protocol in IoT environment for RFID tags[J]. Journal of supercomputing, 2018, 74(1): 65-70.

[191] HERNANDEZ C J C, ESTEVEZ T J M, RIBAGORDA G A, et al. Wheedham: An Automatically Designed Block Cipher by means of Genetic Programming[C]. British Columbia: 2006 IEEE Congress on Evolutionary Computation.

[192] VOGT H. Multiple Object Identification with Passive RFID Tags[J]. Pervasive Computing, 2002, 3(3): 98-113.

[193] VAHEDI E, WONG V W S, BLAKE I F, et al. Probabilistic Analysis and Correction of Chen's Tag Estimate Method[J]. IEEE T, 2011, 8(3): 659-663.

[194] CHEN Y, FENG Q. RFID anti-collision algorithms for tags continuous arrival in Internet of things[J]. Computer Integrated Manufacturing Systems, 2012, 18(9): 2076-2081.

[195] BANKS J, HANNY D, PACHANO M A, et al. RFID Applied[M]. New York: Wiley, 2007.

[196] ZHU L, YUM T P. A Critical Survey and Analysis of RFID Anti-Collision Mechanisms[J]. IEEE Communications magazine, 2011, 49(5): 214-221.

[197] SIMON L, SAENGUDOMLERT P, KETPROM U. Speed Adjustment Algorithm for an RFID Reader and Conveyor Belt System Performing Dynamic Framed Slotted Aloha[C]. Las Vegas: 2008 IEEE International Conference on RFID, 2008.

[198] WANG C, LEE C, LEE M. An enhanced dynamic framed slotted aloha anti-collision method for mobile RFID tag identification[J]. Journal of Convergence Information Technology, 2011, 6(4): 340-351.

[199] 陈毅红. 动态环境下 RFID 标签防碰撞协议研究和 RFID 应用[D]. 成都: 西南交通大学, 2015.

[200] XU Y, CHEN Y. An improved dynamic framed slotted ALOHA Anti-collision algorithm based on estimation method for RFID systems[J]. 2015 IEEE International Conference on RFID, 2015: 1-8.

[201] 陈毅红, 冯全源, 杨宪泽. RFID 标签到达率的动态自适应灰色模型预测算法研究[J]. 计算机科学, 2013, 40(7): 40-43.

[202] 王晓燕. 具有周期强度函数的非齐次泊松过程[J]. 兰州工业高等专科学校学报, 2010, 17(3): 4-8.

[203] LEE S R, JOO S D, LEE C W. An enhanced dynamic framed slotted ALOHA algorithm for RFID tag identification[C]. San Diego: International Conference on Mobile & Ubiquitous Systems: Networking & Services, 2005.

[204] MYUNG J, LEE W. Adaptive binary splitting: a RFID tag collision arbitration protocol for tag

128

identification: 2nd International Conference on Broadband Networks[C]. Boston, 2005.

[205] MA Y, WANG B, PEI S, et al. An Indoor Localization Method Based on AOA and PDOA Using Virtual Stations in Multipath and NLOS Environments for Passive UHF RFID[J]. IEEE ACCESS, 2018, 6: 31772-31782.

[206] KLAIR D K, CHIN K, RAAD R. A Survey and Tutorial of RFID Anti-Collision Protocols[J]. IEEE Communications surveys and tutorials, 2010, 12(3): 400-421.

[207] SHEN Z, ZENG P, QIAN Y, et al. A Secure and Practical RFID Ownership Transfer Protocol Based on Chebyshev Polynomials[J]. IEEE ACCESS, 2018, 6: 14560-14566.

[208] 郝飞, 张华, 汤德元, 等. 我国规模化猪场主要病毒性疫病的综合防控对策[J]. 畜牧与兽医, 2012, 44(10): 86-89.

[209] MEI J, RIEDEL N, GRITTNER U, et al. Body temperature measurement in mice during acute illness: implantable temperature transponder versus surface infrared thermometry[J]. Scientific reports, 2018, 8(1): 1-10.

[210] GOODWIN S D. Comparison of body temperatures of goats, horses, and sheep measured with a tympanic infrared thermometer, an implantable microchip transponder, and a rectal thermometer[J]. Contemporary topics in laboratory animal science, 1998, 37(3): 51-55.

[211] MARTÍNEZ-AVILÉS M, FERNÁNDEZ-CARRIÓN E, LÓPEZ GARCÍA-BAONES J M, et al. Early Detection of Infection in Pigs through an Online Monitoring System[J]. Transboundary & Emerging diseases, 2015, 64(2): 364-373.

[212] ANDERSEN H M, JORGENSEN E, DYBKJAER L, et al. The ear skin temperature as an indicator of the thermal comfort of pigs[J]. Applied animal behaviour science, 2008, 113(13): 43-56.

[213] KRIZANAC D, HAUGK M, STERZ F, et al. Tracheal temperature for monitoring body temperature during mild hypothermia in pigs[J]. Resuscitation, 2010, 81(1): 87-92.

[214] 柏广宇, 刘龙申, 沈明霞, 等. 基于无线传感器网络的母猪体温实时监测节点研制[J]. 南京农业大学学报, 2014, 37(5): 128-134.

[215] NEWSOM D M, BOLGOS G L, COLBY L, et al. Comparison of body surface temperature measurement and conventional methods for measuring temperature in the mouse[J]. Contemporary topics in laboratory animal science, 2004, 43(5): 13-18.

[216] KRUSE S, TRAULSEN I, SALAU J, et al. A note on using wavelet analysis for disease detection in lactating sows[J]. Computers and electronics in agriculture, 2011, 77(1): 105-109.

[217] 闫丽, 沈明霞, 刘龙申, 等. 猪行为自动监测技术研究现状与展望[J]. 江苏农业科学, 2016, 44(2): 22-25.

[218] 赵一广, 杨亮, 郑姗姗, 等. 家畜智能养殖设备和饲喂技术应用研究现状与发展趋势[J]. 智慧农业, 2019, 1(1): 20-31.

[219] 杨秋妹, 肖德琴, 张根兴. 猪只饮水行为机器视觉自动识别[J]. 农业机械学报, 2018, 49(6): 232-238.

[220] 杨威, 俞守华. 视频监控技术在生猪规模化养殖中的应用[J]. 现代农业装备, 2014(4): 37-41.

[221] 谭辉磊, 朱伟兴. 基于轮廓的猪只饮水行为识别[J]. 江苏农业科学, 2018, 46(15): 166-170.

[222] KASHIHA M, BAHR C, HAREDASHT S A, et al. The automatic monitoring of pigs water use by

cameras[J]. Computers and electronics in agriculture, 2013, 90: 164-169.

[223] 闫丽, 邵庆, 席桂清, 等. 群养仔猪保育期饮水行为监测系统的设计[J]. 家畜生态学报, 2016, 37(5): 56-60.

[224] 高云, 王帅, 黎煊, 等. 基于无线传感器网络的猪只饮水测量系统[J]. 科技创新与应用, 2015(36): 50-51.

[225] 杨有涛, 王子钢. 涡轮流量计[M]. 北京: 中国计量出版社, 2011.

[226] CAJA G , M HERNÁNDEZ J, CONILL C , et al. Use of ear tags and injectable transponders for the identification and traceability of pigs from birth to the end of the slaughter line[J]. Journal of Animal Science, 2005, 83(9):2215-2224.

[227] 于丽娜, 张国锋, 贾敬敦, 等. 基于区块链技术的现代农产品供应链[J]. 农业机械学报, 2017, 48(S1): 387-393.